CTC、计算机联锁设备故障非正常情况下的接发列车

佟 罡 张 伟 编著

中国铁道出版社有限公司

2019年·北 京

内容简介

本书共分六章，内容主要包括：联锁设备简介；CTC 简介；自动闭塞，半自动闭塞，自动、半自动闭塞通用部分非正常情况下的接发列车作业程序及办法预案；计算机联锁系统车务操作说明。文字简练，门类齐全，图文并茂，易懂易学。具有简明、实用的特点。

适合铁路从事接发列车的车务人员学习、参考。

图书在版编目(CIP)数据

CTC、计算机联锁设备故障非正常情况下的接发列车/佟罡，张伟编著. —北京：中国铁道出版社，2011.3(2019.3 重印)

ISBN 978-7-113-12228-7

Ⅰ.①C… Ⅱ.①佟… ②张 Ⅲ.①铁路车站—车站作业 Ⅳ.①U292.15

中国版本图书馆 CIP 数据核字(2011)第 030783 号

书　　名：CTC、计算机联锁设备故障非正常情况下的接发列车
作　　者：佟罡　张伟

责任编辑：梁兆煜　　**电话：**010-51873314
封面设计：崔　欣
责任校对：胡明锋
责任印制：陆　宁

出版发行：中国铁道出版社有限公司（100054，北京市西城区右安门西街 8 号）
网　　址：http://www.tdpress.com
印　　刷：中国铁道出版社印刷厂
版　　次：2011 年 3 月第 1 版　2019 年 3 月第 3 次印刷
开　　本：787 mm×1 092 mm　1/32　**印张：**7.375　**字数：**116 千
书　　号：ISBN 978-7-113-12228-7
定　　价：24.00 元

QIAN YAN……… 前言

当前我国铁路正处在运输生产力快速发展阶段，高速铁路迅猛发展，重载运输快速发展，新技术、新设备大量投入运用，运输管理体制和生产力布局发生重大变革。实施既有线调度集中指挥，可大量减少中间作业环节，既有利于保证行车安全，又有利于提高运输效率。实施既有线调度集中指挥，直接关系到调度指挥模式、行车作业流程、运输安全管理和劳动组织方式的深刻变化，是既有线调度指挥工作创新发展必须面对和破解的一项重大课题，要求列车调度员、车站值班员、应急值守人员的应变能力、危机处理能力不断提高。铁路交通事故中损失巨大、危害最严重、造成无法挽回影响的往往是列车事故，而行车设备施工或故障，不能正常运用，产生非正常行车作业，作业方法、闭塞方式、行车条件等均发生很大变化。本书通过对 CTC 分散自律调度集中控制模式和非常站控模式下非正常行车作业程序及办法的阐述，重在解决列车调度员、助理调度员、车站值班员、应急值守人员因技术业务不全面、应变能力不强，容易产生误认、错认或误办、错办等危及行车安全的问题。

本书主要根据《技规》、《接发列车作业》标准等基本规章中关于非正常情况下行车作业的基本规定和作业程序，结合CTC调度终端、车务终端、车站联锁机的行车设备性能及特点所编写。本书主要针对信号、道岔、轨道电路、闭塞设备发生故障后，作业人员如何检查确认故障，如何发布调度命令，如何与工务、电务部门确认故障影响范围，按基本规定进行了叙述。对行车作业的关键“进路、凭证、闭塞”等三关逐一进行重点说明，对使用故障设备的非故障部分进行了明确。在内容上力求紧密结合铁路运输生产的实际和职工队伍的现状，注重基本作业程序、作业要点和作业办法介绍，采取图文并茂的形式，力求真实的反映现场实际情况，更加形象、直观地给出设备故障情况和作业要求，为作业人员判断故障情况和处理提供直接的帮助。重在使学习人员掌握非正常情况下接发列车作业的程序和办法，增强特殊情况下的应急处理能力，确保运输的安全和畅通。本书适用于行车指挥人员、行车作业人员、车务系统安全、技术管理人员学习、培训。

本书在编写过程中得到了铁道部运输局调度部

刘伟、方晨、胡金仲、刘俊，沈阳铁路局总调度长张海涛、副总调度长杨永疆，教育处陈平、刘铁民，运输处刘净霄、卢军、闫敬涛、陈阳、杨东辉、冯春祥，调度所程铁岩、李宝旭、杨志国、何岩，上海铁路局调度所黄华，苏家屯站陈伟杰，沈阳车务段于喜强、周建昌、许迎复等同志的大力支持和具体指导，在此谨表示衷心的感谢。

由于编者水平有限，书中难免出现错误和不当之处，恳请广大读者给予批评、指正。

编者

2010 年 12 月

MU LU………… 目录

第一章　联锁设备简介

一、联锁设备

利用机械、电气自动控制和远程控制的技术和设备，使车站范围内的信号机、进路和进路上的道岔（图 1—1）相互具有制约关系，这种关系称为联锁。实现这种关系的设备称为联锁设备，是铁路信号设备的重要组成部分。

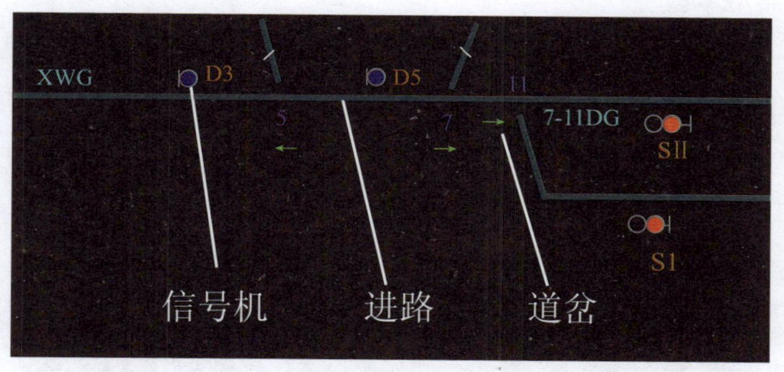

图 1—1　信号机、进路和进路上的道岔

二、联锁发展历史

1843 年英国首先采用机械集中联锁；1904 年美国采用电气集中联锁。

1929 年美国开始使用继电集中联锁。

随着电子计算机的发展和普及,我国已开始使用计算机联锁。联锁的发展过程如图 1—2 所示。

图 1—2 联锁的发展过程

三、联锁的类型

非集中联锁:道岔的操纵分散在各道岔旁进行,而信号机可集中操纵地联锁。分联锁箱联锁和电锁器联锁。

集中联锁:道岔集中在车站信号楼内操纵,常见的有机械集中联锁、电气集中联锁、继电集中联锁(6502)、计算机联锁。

继电集中联锁如图 1—3 所示。

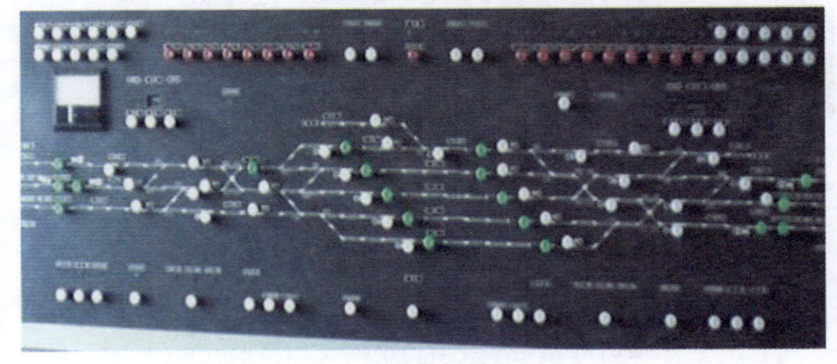

图 1—3 6502 联锁设备图

继电集中联锁是我国铁路目前广泛采用的联锁设备，它是用继电器组成逻辑电路来实现联锁关系。

继电集中联锁有 6026、6031、6032（小站集中）、6501、6502、6512（大站集中）等，其中 6502 技术成熟、操作简单，被广泛应用。

四、联锁发展动向

随着电子技术的发展，人们曾利用电子元件制成电子集中联锁设备。但是，由于造价较高、可靠性以及“故障一安全”原则方面尚存在一些问题，所以难于推广应用，例如传统的 6502 设备实现新的功能需要设计复杂的逻辑电路，投入大量的继电器，且电路复杂、投资高昂、日常保养维护困难。

随着计算机可靠性的提高，一些国家铁路（包括中国）已经研制并开始使用计算机联锁。

1. 故障一安全

所谓“故障一安全”，简单地说，就是当设备发生故障后，设备倾向于安全。例如，当雷电导致设备瞬间停电时，显示进路全部转为白光带（锁闭）。

2. 国外联锁设备

国外联锁设备如图 1—4 所示。

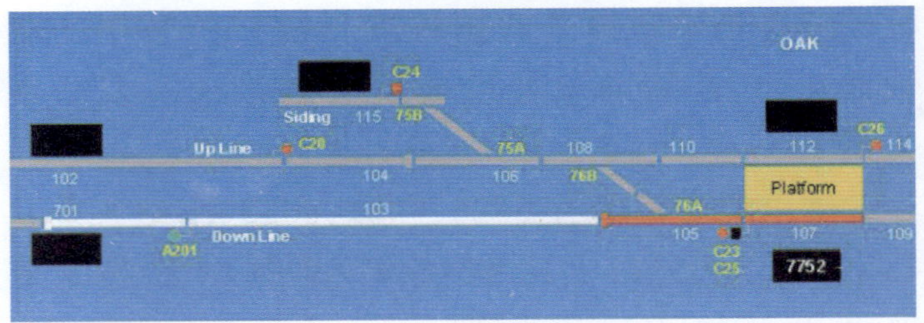

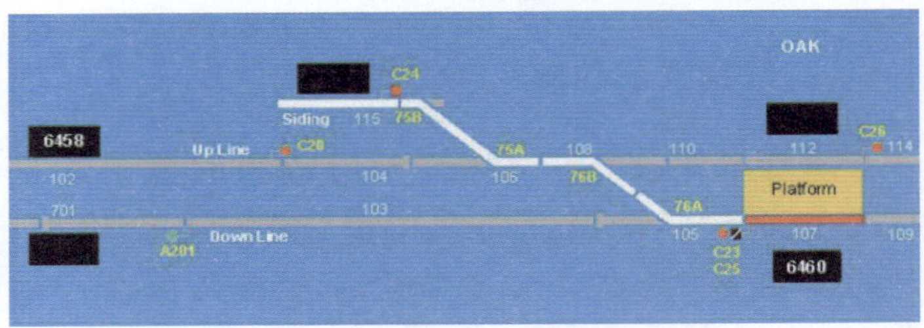

图 1—4　国外联锁设备图

3. 国内 TYJL 型计算机联锁

TYJL 型计算机联锁设备控制台如图 1—5 所示。

图 1—5　TYJL 型计算机联锁设备控制台

该设备硬件基本是由铁道科学研究院开发的采集驱动板电源模块，产品为 TYJL 系列。

TYJL-III 型计算机联锁系统是我国第一个自主研发的全面采用整体安全冗余结构的高安全等级的计算机联锁系统。早在 2004 年就在广州局开通了一个纯国产的 2X2Q2 计算机联锁系统。

4. 国内 DS6 型计算机联锁

北京全路通信信号研究设计院研制的第一代联锁设备是 WJLS 型，后来升级改名为 DS6-11/DS6-20/DS6-50。DS6 型计算机联锁设备如图1－6所示。

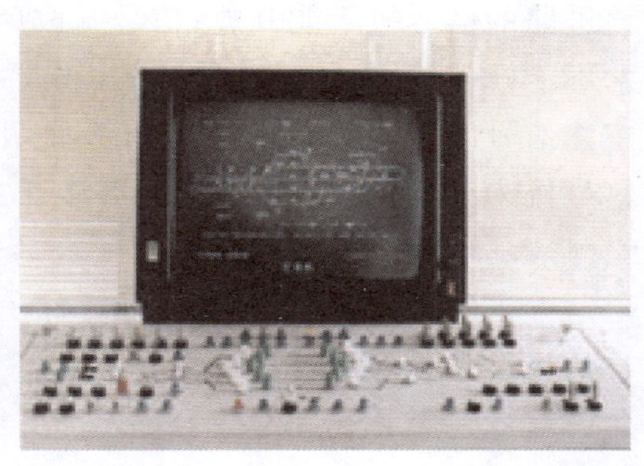

图 1－6　DS6 型计算机联锁控制台

输入设备包括光电笔和分小型控制台。

5. 国内 JD-1A 型计算机联锁

北京交通大学微联科技有限公司是研制、生产铁路运输安全设备的高新技术企业。微联公司和日本信号株式会社合作，研制开发了 EI32-JD 型联锁软件，软件移植经制式测试合格，形成 JD-1A 型联锁（图 1—7）软件。

五、联锁设备基本技术条件

（一）基本条件

无论是 6502 继电联锁设备或是计算机联锁设备，都必须满足以下条件：

1. 进路上的道岔位置错误或其敌对信号开放，则防护该进路的信号机不能开放；信号开放后，进路上的道岔不能扳动，敌对信号不能开放。

2. 主体信号未开放，其预告信号机不能开放；正线出站信号机未开放时，进站信号机不能开放为通过信号。

3. 道岔不密贴时，信号机不能开放。

（二）使用引导接车的几种情况

1. 允许信号断丝导致进站信号机不能开放或开放后因断丝而关闭。

2. 进路上区段故障导致信号不能开放或开放后区段故障，导致信号机关闭（故障区段道岔应单锁，防止故障恢复后道岔解锁）。

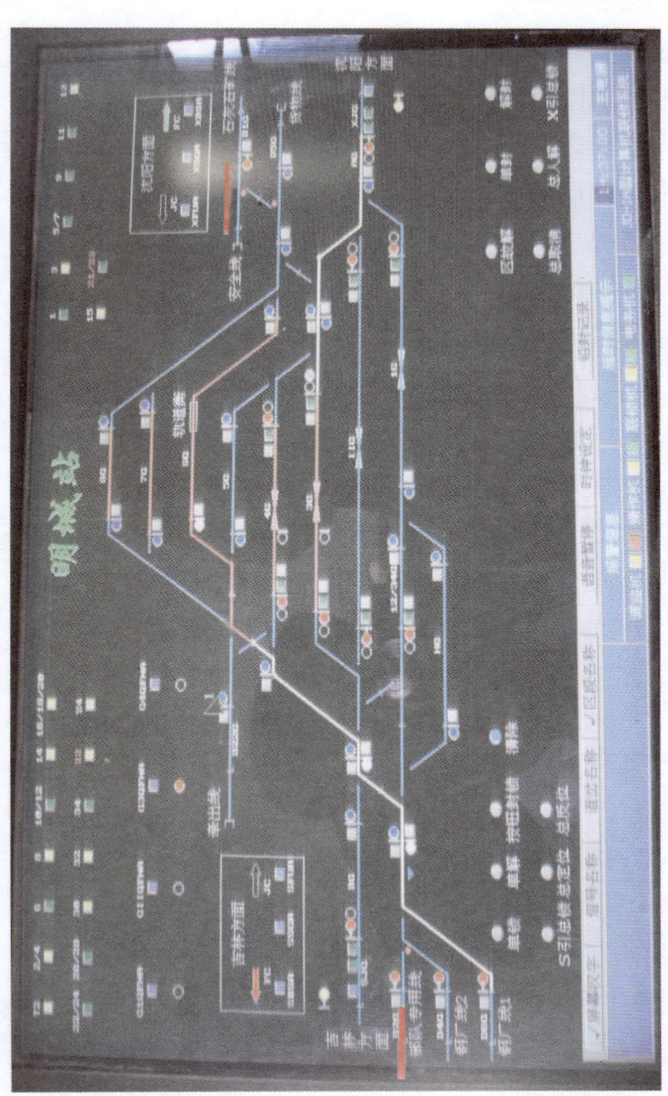

图 1－7　JD-1A 型联锁设备图

3.与侵限绝缘邻接的轨道区段故障，接车信号无法开放时（应现场确认非机车车辆占用）。

4.在大于6‰下坡道接车线末端道岔区段故障或相对方向的超长列车压标占用时。

引导进路不检查进路是否空闲（车占用、故障），红光带时必须现场确认非车占用红，防止将列车接入有车线或与邻线越标车辆相冲突。

（三）使用引导总锁闭的几种情况

1.进路上道岔（部分或全部）失去表示。

2.特殊情况必须向非到发线接车。

使用引导总锁闭时，先道岔单操或手摇，现场检查或接通光带，确认无误后按下引导总锁闭。

计算机联锁与6502继电集中联锁的区别如表1—1所示。

表1—1　计算机联锁与6502继电集中联锁的区别

6502继电集中联锁	计算机联锁
继电器是基本元件，构建逻辑电路，实现联锁	用编程语言构建逻辑关系，实现联锁
继电器数量巨大，逻辑电路难以实现	高级编程语言编制软件，功能实现灵活
设备占用空间大，难以维护	文件形式存在于计算机中，程序编制灵活
显示不直观（进路、信号机）	显示直观（进路、信号机）

第二章　CTC 简介

CTC 即调度集中系统。CTC 系统由调度中心子系统、车站子系统、网络数传子系统三部分构成。

第一节　站场控制模式

CTC 调度集中系统设有 CTC 分散自律调度集中控制和非常站控两种控制模式。CTC 分散自律调度集中控制模式是用列车运行调整计划自动控制列车运行进路，结合实际情况，系统在分散自律模式下又分为：自律站控（车站操作）、分散协助（车站调车操作）、集中控制（中心操作）三种操作方式。三种操作方式分别见图 2—1、图 2—2、图 2—3。

1. 非常站控模式

(1)“CTC 分散自律调度集中”控制模式转为“非常站控”模式

非常站控模式（图 2—4）是脱离 CTC 系统控制转为计算机联锁控制人工操作的模式。CTC 助调台终端操作无效，降级为 TDCS 使用。

在车站联锁控制台（计算机联锁为显示器）上，按下（点击）“非常站控”按钮，不检查任何条件，但向

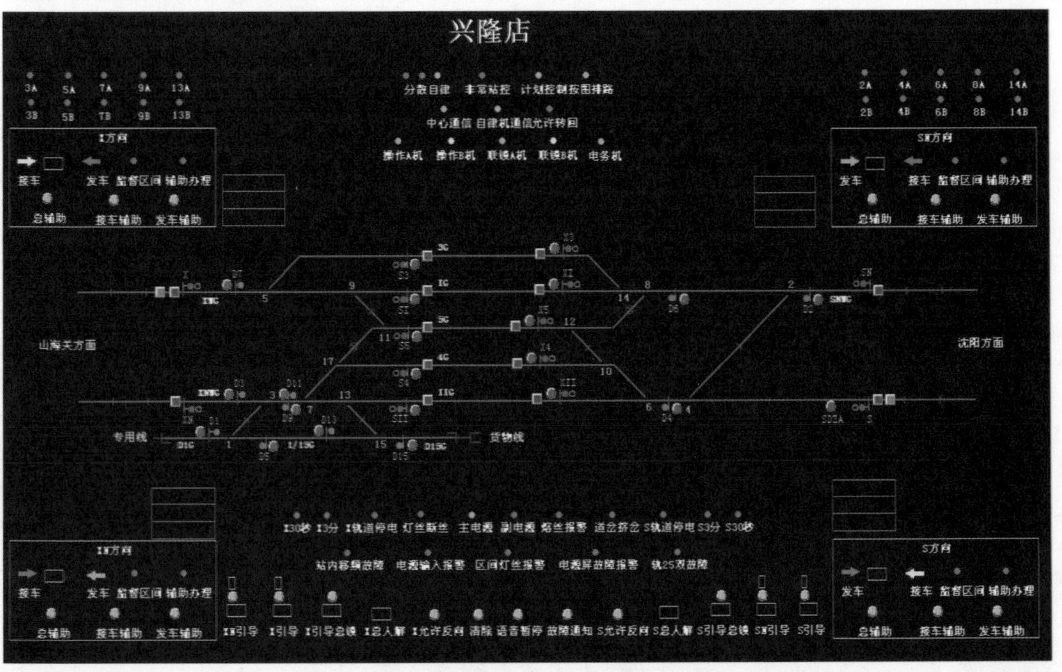

图 2—1　自律站控（车站操作）方式

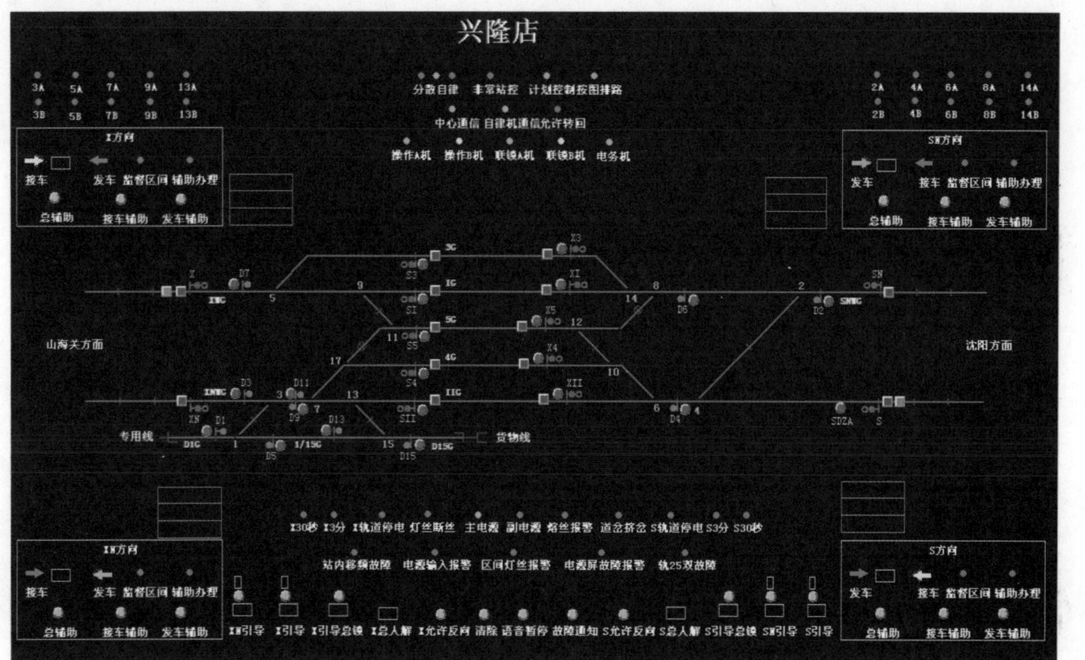

图 2—2　分散协助(车站调车操作)方式

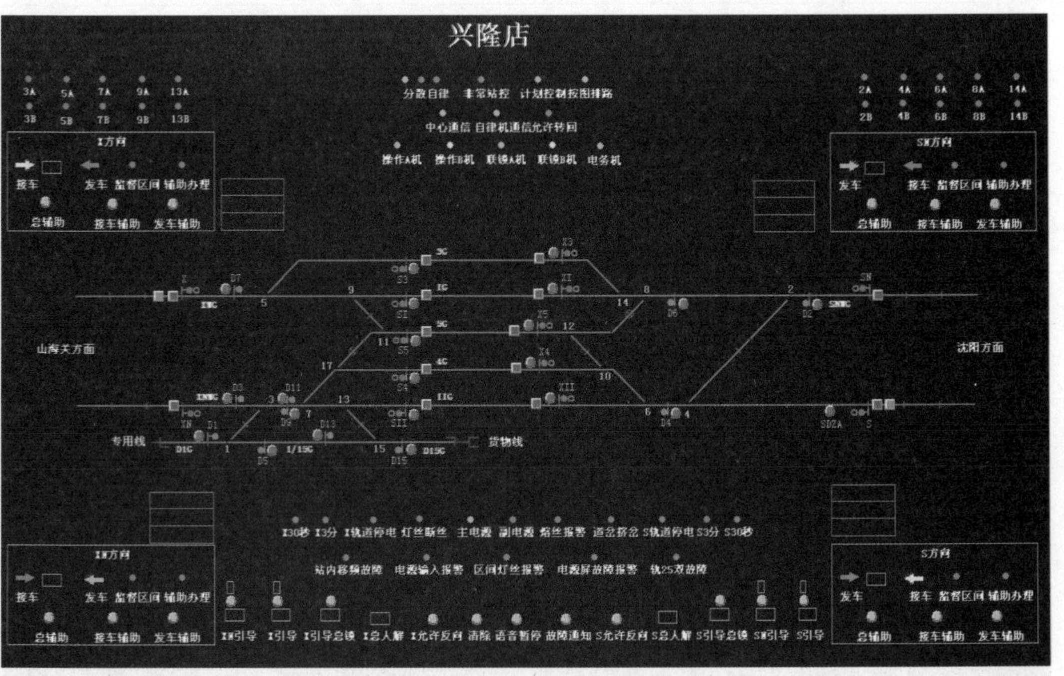

图 2－3　集中控制(中心操作)方式

兴隆店
分散自律 非常站控 计划控制按图排路
中心通信 自律机通信允许转回
操作A机 操作B机 联锁A机 联锁B机 电务机
山海关方面
沈阳方面
专用线
货物线
站内移频故障 电源输入报警 区间灯丝报警 电源屏故障报警 轨25双故障
接车 发车 监督区间 辅助办理
总辅助 接车辅助 发车辅助

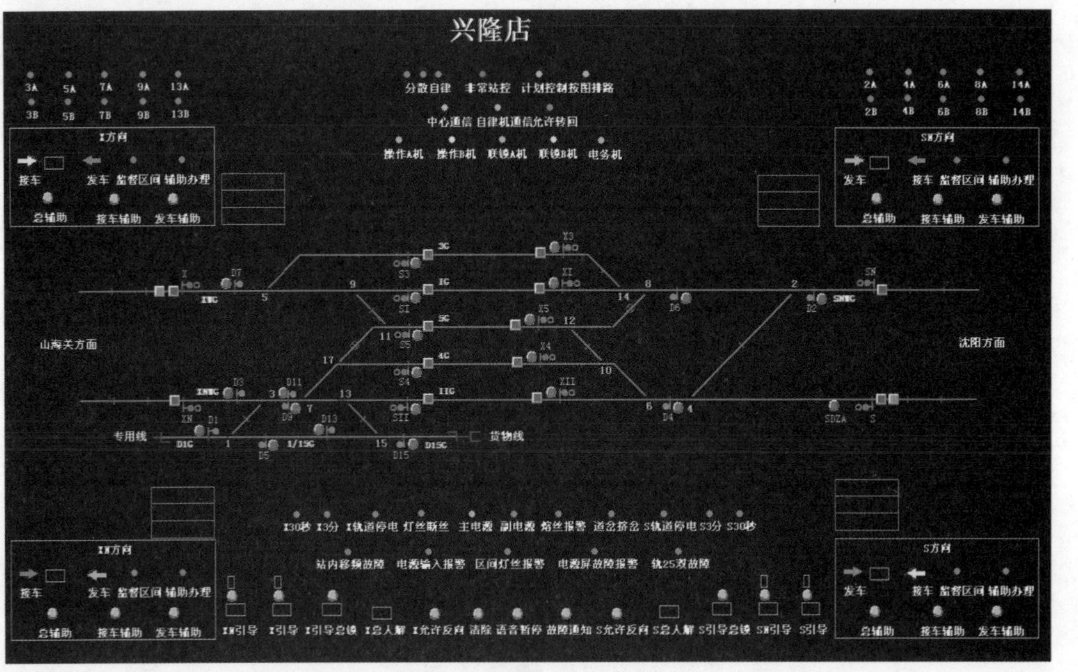

图2－4 非常站控模式

列车调度员进行提示报警。即可由 CTC 分散自律调度集中控制模式转为“非常站控”模式。

非常站控，就是在非正常情况发生时，将分散自律调度集中系统的控制模式转为在联锁操作台上通过操作按钮办理进路的控制方式。

遇到下列情况时，应由分散自律控制模式转换为非常站控模式：

①CTC 设备故障；

②发生危及行车安全的情况；

③设备天窗维修、施工需要时。

(2)“非常站控”转“CTC 分散自律调度集中”控制

在车站联锁控制台(计算机联锁为显示器)上，拉出(点击)“非常站控”按钮、非常站控模式转回 CTC 控制模式系统检查以下条件：

①CTC 系统设备正常；

②非常站控模式下没有未完成的按钮操作。

在满足上述条件时，允许转回 CTC 控制表示灯亮黄灯后，操作非常站控按钮，转回 CTC 控制模式下的车站操作方式。否则操作无效。

2.CTC 分散自律调度集中控制模式

CTC 分散自律调度集中控制模式在 CTC 调度中心助调台和车站终端操作。具体操作方式又分为自律站控（车站操作）、分散协助（车站调车操作）、集中控制（中心操作）三种操作方式。

（1）自律站控（车站操作）方式

车站具有列车和调车的控制权，中心对列车和调车均无权进行操作。

处于自律站控方式的车站，由车站对列车进路直接进行操控办理，也可以将各方向的排路方式由“人工排路”转为“自动排路”，车站有权对指令队列进行人工干预。车站对调车进路可以直接办理或编制调车作业单。中心对列车和调车进行监督，无权进行操作。

（2）分散协助（车站调车操作）方式

中心只具有列车进路的控制权，车站具有调车作业的控制权。

分散协助方式的车站，列车进路由调度中心集中控制，系统按列车调度员下达的阶段计划自动排路，在必要情况下由助理列车调度员对指令队列进行人工干预，车站应密切监视本站列车运行情况和指令队列的显示，发现异常应及时和助理调度员联系；车站具有调车作业的控制权。

（3）集中控制（中心操作）方式

中心具有列车和调车的控制权，车站对列车和调车均无权进行操作。

集中控制方式的车站，列车进路由调度中心集中控制，系统按列车调度员下达的阶段计划自动排路，在必要情况下由助理列车调度员对指令队列进行人工干预，车站应密切监视本站列车运行情况和指令队列的显示，发现异常应及时和助理列车调度员联系；车站对列车和调车均无权进行操作。

3. 三种操作方式的权限与转换

因各区段安装的 CTC 设备生产厂家或版本不同，CTC 操作方式转换参考 CTC 生产厂家说明。

(1)操作方式转换例 1

三种操作方式的权限如表 2—1 所示。

表 2—1　三种操作方式的权限

控制方式 / 操作权限	集中控制	分散协助	自律站控
列车按钮、列车进路	中心	中心	车站
调车按钮、调车进路	中心	车站	车站
指令队列	中心(车站监视)	中心(车站监视)	车站(中心监视)
行车日志股道修改	车站	车站	车站
排路方式	中心	中心	车站
允许发车设置	车站	车站	车站
钮封、钮解	中心	车站可操作调车按钮中心可操作列车按钮	车站
区间设置、股道封锁、区间车次管理、辅助帽、同意接发车、道岔单锁、单解、岔封、岔解、区故解、机占	中心、车站	中心、车站	中心、车站

三种操作方式的转换关系及方式如表2—2所示(要权方申请,放权方同意)。

表2—2 三种操作方式的转换关系及方式

目标模式 / 源模式	集中控制	分散协助	自律站控
集中控制		车站申请,中心同意	车站申请,中心同意
分散协助	中心申请,车站同意		车站申请,中心同意
自律站控	中心申请,车站同意	中心申请,车站同意	
非正常状态	车站可强制转换到非常站控模式		

(2)操作方式转换例2

如果是调度中心提出模式申请,则有如表2—3的关系。

表2—3

目标模式 / 源模式	集中控制	自律站控	分散协助
集中控制		需要车站同意(车站控制表示灯绿色闪烁)	直接转换
自律站控	需要车站同意(集中控制表示灯绿色闪烁)		需要车站同意(分散自律表示灯绿色闪烁)
分散协助	直接转换	需要车站同意(车站控制表示灯绿色闪烁)	

如果此时需要车站同意的话，目的模式表示灯呈现绿色闪烁。

如果是车务终端提出模式申请，则有如表2—4的关系。

表2—4

目标模式 / 源模式	集中控制	自律站控	分散协助
集中控制		需要中心同意（车站控制表示灯黄色闪烁）	无权申请
自律站控	需要中心同意（集中控制表示灯黄色闪烁）		需要中心同意（分散自律表示灯黄色闪烁）
分散协助	无权申请	需要中心同意（车站控制表示灯黄色闪烁）	

此时如果需要中心同意的话，目的模式表示灯呈黄色闪烁。

第二节　CTC分散自律调度集中技术条件

一、实施调度集中的必要条件

1. 实施调度集中的必要条件是车站具备集中联

锁(继电联锁和计算机联锁),区间具备自动闭塞或自动站间闭塞。

2. 调度员、司机、车站值班员之间必须具有良好可靠的语音通信。

3. 调度命令(含许可证等)、接车进路预告信息、调车作业通知单应能可靠传送到机车。

4. 无线通信车载设备具备车次号校核、列车停稳、调车请求、信息回执等信息发送功能。

二、列车计划管理

1. 日班计划:调度集中应具有接收日班计划或者单独制定日班计划的功能。系统可按要求时间将日班计划以运行图或车次时刻表的方式提供给调度员,同时以调度命令的方式下达到有关站段。

2. 调整计划:调度集中应具有以日班计划为依据、人工和自动调整列车运行计划以及中间站甩挂调车作业计划的功能,经批准后适时下达到车站自律机执行。

3. 对于有特殊运行要求的列车由调度员依照相关管理规定特别设置(超限列车、专列等特殊列车应有明显的标记),并产生相应的列车运行调整计划。

4. 调度员可随时查询、调整列车运行调整计划的内容(含计划使用股道信息);车站值班员可随时查询计划和进路内容。

5. 系统在列车调整计划下达前必须通过合法性、时效性、完整性和无冲突性的检查。

6. 调度集中列车运行图的操作界面根据当前时刻线划分为四个区域:实际运行区、临近计划区、调整计划区、日班计划区。

①实际运行区是当前时刻之前已经完成的列车运行记录区域,不可进行更改;

②临近计划区是当前时刻之后特定时间段内已经下达车站将要执行的列车运行调整计划区域,计划调整受到一定限制;

③调整计划区是临近计划区以外的列车运行调整计划区域,可以进行人工或自动调整;

④日班计划区是调整计划区以远的列车运行计划区域,可以进行人工或自动调整。

四种区域以明显的标记区分显示,并且随着列车运行调整计划的执行以及调度员的人工操作而动态变化。

三、列车进路应实现的功能

1. 车站自律机依据调度中心下达的列车运行调整计划自动生成列车进路指令,通过合法性、时效性、完整性和无冲突性的检查后转变为命令，适时下传给本站联锁设备执行。

2. 自动排列列车进路时应检查的条件主要有：车次号（列车性质和等级）、超限级别、列车长度、机车类型、股道用途、股道有效长、道岔弯股进路的最大允许速度。

3. 车站自律机因故无法排列基本进路时，系统应自动报警。调度中心可以对某一次列车进路进行人工干预（但须受CTC分散自律调度集中安全条件控制）。

4. 进站信号机外制动距离内，进站方向为超过6‰下坡道的车站，自律机应能自动办理相关延续进路的排列与锁闭。

5. 对于多方向车站，系统应能按照列车运行调整计划或调度员指定的列车优先权选择相应方向的列车进路。

6. 排列进路的时机，原则上依据列车运行调整计划并提前若干时分。实际执行中必须考虑列车类型、区间闭塞类型、邻站发车时刻、区间运行时分和完整到达停稳以及前行列车发车进入区间的条件等因素，同时要考虑信息处理、进路办理的时间以及列车的速度等因素，科学合理地进行确定。

7. 调度中心具备列车进路的的人工控制功能，

且优先级高于列车运行调整计划自动控制的列车进路。调度中心人工办理列车进路时，调度员必须输入列车车次号方可执行。

四、接车进路预告设备可实现的功能

1. 调度集中自动通过调度命令无线传送系统，以文字方式向司机提供接车进路预告信息(并具有语音提示功能)。

2. 自动预告时机：

①自动闭塞区段

接车站接车进路或通过进路已经排列，系统在出发站的以下位置发送列车接车进路预告信息：

ⓐ出站信号机；

ⓑ一离去信号机；

ⓒ二离去信号机。

在上述任一位置系统收到自动确认信息后，在后续位置不再发送接车进路预告信息。

列车越过二离去信号机后，系统未收到自动确认信息时，改由接车站发送接车进路预告信息，采取在每个闭塞分区自动向列车发送。

系统收到自动确认信息或该次列车越过接车站进站信号机后，不再发送列车接车进路预告信息。

②自动站间闭塞区段

接车站接车进路或通过进路已经排列，系统在出发站选择列车在以下位置发送列车接车进路预告信息：

ⓐ出站信号机；

ⓑ反向进站信号机；

ⓒ反向进站预告信号机。

在上述任一位置系统收到自动确认信息后，在后续位置不再发送接车进路预告信息。

列车越过反向进站预告信号机后，系统未收到自动确认信息时，改由接车站发送接车进路预告信息，采取每隔一定时间自动向列车发送。

系统收到自动确认信息或该次列车越过接车站进站信号机后，不再发送列车接车进路预告信息。

3. 当调度集中系统发送接车进路预告信息未成功时应立即向电务维修中心报警。

五、非正常接车作业调度集中系统实现的功能

1. 进路锁闭状态下，进站信号机因故不能开放时，系统应能及时报警（语音和文字提示），由调度员人工办理接车作业。

2. 由于轨道区段故障导致进路无法建立，由调度员在判明轨道电路故障条件下，人工开放引导信号。

3.道岔无表示时，必须现场人工确认并采取相关安全措施，由调度员办理引导总锁闭，开放引导信号；经现场人工确认列车整列到达后，取消引导总锁闭或转为非常站控模式后由车站办理引导接车。

4.如果进站信号机内方第一区段故障，由调度员办理引导接车，引导信号应保持开放，列车头部越过故障区段后自动关闭引导信号。

5.引导进路解锁：

①进路正常情况下，系统在列车整列进入股道后，在CTC分散自律调度集中控制模式下人工实施引导进路解锁。

②区段故障情况下，经调度员和司机确认列车整列到达后，调度员人工实施引导进路解锁。

六、非正常发车作业调度集中系统实现提示功能

发车进路因故无法排列时，系统应自动报警，由调度员人工办理非正常发车作业。

七、调度集中系统非正常解锁的规定

1.由于轨道电路故障导致进路中的轨道区段不能正常解锁：

①接车进路：调度员和司机确认列车整列到达

或通过后，调度员人工解锁遗留接车进路；

②发车进路：调度员和司机确认列车整列出站后，调度员人工解锁遗留发车进路；

③调车进路：原则上由办理调车进路方的人员，负责人工解锁该调车进路的遗留进路。调度中心、车站均应具备在CTC分散自律调度集中控制模式下的调车进路人工解锁手段。

2. 轨道电路停电恢复时，在人工确认机车停稳后，由调度员（或车站值班员）按压轨道电路停电恢复按钮分咽喉一次性解锁。

3. 系统在CTC分散自律调度集中控制模式下，车站的操作不得解锁调度中心办理的列车进路或关闭列车信号，调度中心的操作不得解锁车站办理的调车进路或关闭调车信号。

八、调度集中车站调车作业的要求

1. 调度集中控制范围内的调车作业原则上均应纳入CTC分散自律调度集中安全条件控制。在有人车站，由车站人员直接办理或由系统自动进行控制；在无人车站，调度中心助理调度员直接办理或由系统自动进行控制。

2. 为保证调车作业不干扰列车运行调整计划的执行，CTC分散自律调度集中控制模式的调车作业，在办理与列车运行调整计划相关的调车进路时，均应人工输入钩作业预计时分，否则不能办理。在办理与列车运行调整计划无关的调车进路时，可不输入钩作业预计时分（由设备判断）。

3.调度集中系统应能根据调车进路、车列长度、《站细》规定等提出钩作业参考时分。

4.调车作业，分为人工直接操作与计划自动执行两种方式；人工直接操作方式的调车进路采用一钩（一条进路）一办；计划自动执行方式是系统根据调车作业计划自动办理调车进路。原则上无人车站的调车作业由调度中心办理，有人车站的调车作业由车站办理。

5.办理调车进路，必须由车站自律机依据列车运行调整计划在时间与空间上（进路预计占用时间、避让车次、相关联锁条件等）对调车进路检查运算，无冲突后方可排列。

6.如果调车作业没有在预计的时间内完成，在影响列车运行调整计划的情况下，调度集中自动向调度员、车站值班员报警。

九、中心操作方式车站（集控站）调车作业流程

1.人工直接操作方式

一般情况是指由助理列车调度员在调度所内人

工办理(也可在车站车务终端人工办理),分为计划内与计划外两种。

①计划内调车作业

ⓐ调车组通过车务终端(含站场平面示意图)或通过调度命令无线传送系统(不含站场平面示意图)在机车获得调车作业通知单;

ⓑ助理列车调度员根据调车作业计划、列车车次、列车到站时分,通过与司机(或调车组)无线通信联系,人工办理调车进路;

ⓒ调车作业完成后,调度员通过与司机(或调车组)无线通信联系确定发车时分及进路;

ⓓ列车出发后,由助理列车调度员人工生成新的列车编组信息,并下传至有关车站;

ⓔ车站站存车信息由助理列车调度员人工输入、修改。

②计划外调车作业

主要是指因车辆故障、装载不良等危及行车安全造成的临时甩挂作业。

ⓐ调度员根据司机或有关人员的报告以及设备报警,确定列车进行临时甩挂的车站。

ⓑ助理列车调度员通过与现场或司机联系,确定摘挂位置及车辆号,人工办理调车进路。

ⓒ调车作业由机车乘务组完成。调车作业完成

后，调度员与司机联系确定发车时分及进路。

ⓓ列车出发后，由助理列车调度员人工生成新的列车编组信息，并下传至有关车站。

ⓔ车站站存车信息由助理列车调度员人工输入、修改。

2. 计划自动执行方式

①调车作业计划

ⓐ助理列车调度员根据列车日班计划、列车编组信息（运统 1）、列车运行调整计划及站存车信息，提前编制调车作业计划。

ⓑ调车作业计划主要包括：作业车站、作业车次、钩计划、每钩作业时分。

ⓒ调车作业计划下达到相关车站的自律机，由系统自动执行。

②基本作业

ⓐ调车组通过车务终端（含站场平面示意图）或通过调度命令无线传送系统在机车获得调车作业通知单（不含站场平面示意图）。

ⓑ车站自律机执行调车作业计划时，应检查相关列车运行调整计划、实际到站时间、车次号校核以及司机的调车无线请求信息等条件。

ⓒ调车作业每一钩进路排列前，司机应根据调车组的指挥，通过无线通信设备向调度集中发出

调车请求信息，系统经检查运算后自动排列调车进路。

ⓓ调度员可随时查询、修改调车作业计划或调车进路指令序列的内容。

ⓔ调车作业完成后，调度员经与司机联系确定发车时分及进路。

ⓕ列车出发后，由助理列车调度员人工生成新的列车编组信息，并下传至有关车站。

ⓖ车站站存车信息由助理列车调度员人工输入、修改。

第三节 CTC设备故障处理

我国高速铁路的迅猛发展，以及既有铁路CTC分散自律调度集中的大面积推广，直接影响到调度指挥模式、行车作业流程、运输安全管理和劳动组织方式的深刻变化。铁路的行车组织模式历经了二个重要发展阶段，一是从扳道员人工现场准备接发列车进路到集中联锁由车站值班员(信号员)在车站行车室内通过控制台(车站联锁机显示器)操作列车(调车)按钮实现集中操纵道岔准备进路，取消了扳道员，完成了第一次飞跃。二是从车站值班员(信号员)在车站行车室内通过控制台(车站联锁机显示器)操作列车按钮集中操纵道岔准备进路到调度集中系统实现了接发列车进路的自动触发功能，取消了分散自律CTC控制模式下中心操作方式车站的车站值班员，出现了集控站，完成了第二次飞跃。行车作业组织发生了巨大变化。

一、CTC设备故障办理

目前，各铁路局对CTC分散自律调度集中控制模式下中心操作方式车站、调车操作方式车站、车站操作方式车站之间各种操作方式的转换条件有所不同，但由CTC分散自律调度集中控制模式转为非常站控模式条件完全相同。即遇到下列情况时，应由分散自律控制模式转换为非常站控模式：

(1)CTC设备故障；

(2)发生危及行车安全的情况；

(3)设备天窗维修、施工需要时。

本书第三、四、五章重点对非常站控模式及TDCS区段车站值班员怎样在车站联锁机显示器(控制台)上办理非正常情况下接发列车的作业准备及作业要点进行了详细的阐述。非常站控模式下的车站值班员(应急值守人员)就是在非正常情况发生时，如遇CTC分散自律调度集中系统故障(或危及行车安全)，立即点击(按下)车站联锁机显示器(控制台)上的非常站控按钮转入非常站控模式。此时，非常站控表示灯红灯点亮;CTC 分散自律调度集中控制模式立即转为非常站控模式,CTC 系统的所有设置将不起作用。车站值班员(应急值守人员)只能在车站联锁机显示器(控制台)上通过人工操作按钮办理进路。也就是退回到 TDCS(非 CTC),与 TDCS 区段的车站值班员作业相同。

二、不同操作界面办理同样的作业

在 CTC 分散自律调度集中控制模式下中心操作方式车站、调车操作方式车站、车站操作方式车站如遇非正常情况下接发列车(不需转为非常站控模式),亦应按三、四、五章作业方法办理。只是操作人员和操作界面改变了,但作业方法没有变。即非常站控模式及 TDCS 区段车站出现故障时操作人员为车站值班员,操作界面为车站联锁机显示器(控制台);CTC 分散自律调度集中控制模式下出现故障(不需转为非常站控模式)时,操作人员为车站值班员(车站操作方式车站、调车操作方式车站)、列车调度员或应急值守人员(中心操作方式车站),操作界面为 CTC 分散自律调度集中系统的调度中心操作终端及车站的车务操作终端。由此可见不同的操作界面可办理同样的作业,只是 CTC 区段的列车调度员、车站值班员(应急值守人员）在办理非正常接发列车作业前，要根据实际情况需要，取消进路自动触发、按图排路和计划控制功能。

注：应急值守人员：担当集控车站车务终端的临时值岗工作（具有与车站值班员同等的职责），行车组织须在列车调度员的集中领导下，负责非常站控模式的转换（需要时）、车站行车工作的统一指挥以及设备施工、检修登销记、试验、开通等工作。

第三章　自动闭塞非正常情况下的接发列车作业程序及办法预案

第一节　接　　车

一、进站(接车进路,下同)信号机故障

1.进站信号机灯泡灯丝“断单丝”时的接车

故障现象　车站联锁机显示器显示故障报警信息框或灯丝断丝报警灯红闪,同时报警语音提示。

故障现象如图 3—1 所示。

作业要点　通过车站联锁机显示器显示确认上述故障现象时,不影响正常接车,进站信号机能够开放,应点击语音暂停框,切断灯丝断丝报警语音提示,同时通知电务人员及时处理。

2.进站信号机允许灯光灯泡“断双丝”,但可以开放引导信号时的接车

故障现象　当进站信号机允许灯泡灯光灯丝“断双丝”时,进站信号机绿黄灯光不能点亮,绿、绿黄、黄、双黄色信号不能开放,进站信号机自动点红灯,车站联锁机显示器显示故障报警信息框或灯丝断丝报警灯红闪,同时报警语音提示。

故障现象如图 3—2 所示。

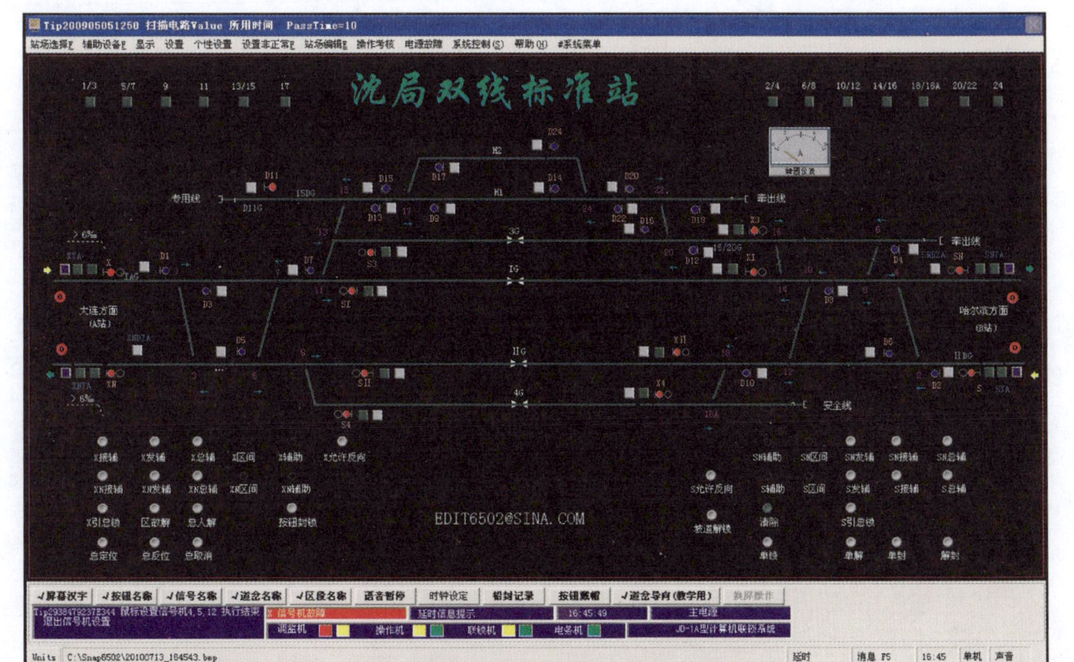

图 3－1　进站信号机断丝报警的故障现象

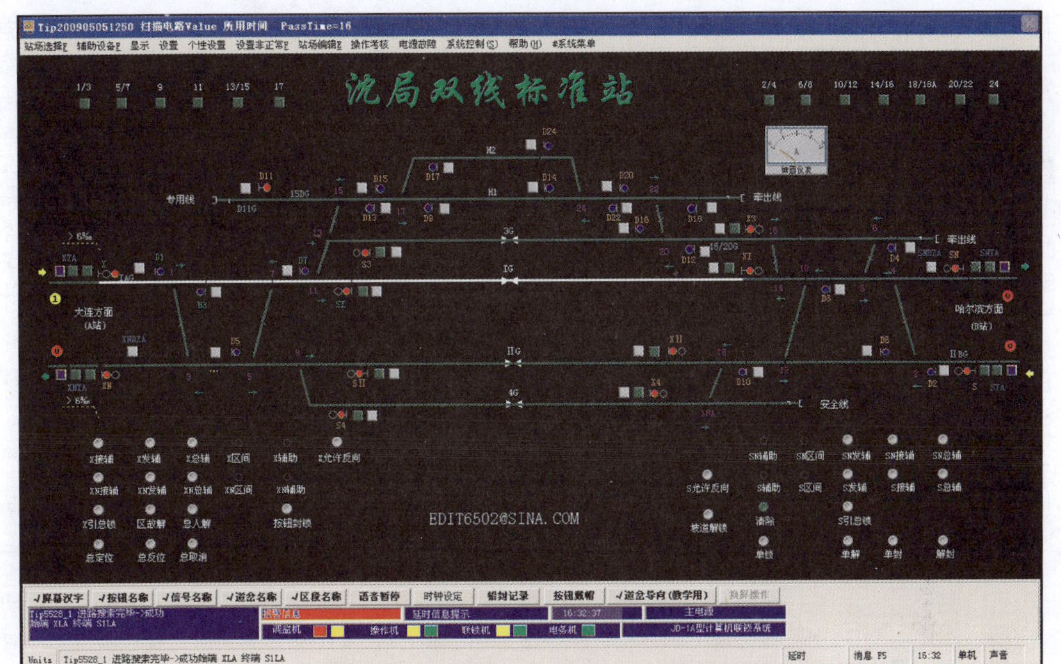

图 3－2 进站信号机允许灯光灯泡“断双丝”的故障现象

作业准备　通过车站联锁机显示器显示确认故障现象后，车站值班员应首先报告列车调度员，并通知车站值班干部上岗监控。在《行车设备检查登记簿》内登记，登记内容：发生故障的日期、时间、设备名称、故障现象，并通知电务人员现场检查维修。如电务人员登记"设备故障，暂不能修复，请车务按非正常办法办理"后，车站值班员应再次向列车调度员报告设备情况，请求并接收引导接车的调度命令，按列车调度员的指示准备接车。

作业要点　通过车站联锁机显示器显示确认接车线路空闲或得到接车线路空闲的报告后，单操进路上的道岔（含防护道岔）准备进路或排列列车、调车进路（排列进路后取消），通过车站联锁机显示器显示确认进路正确后，方可点击引导信号按钮（引导信号具有选择进路功能的按操作说明需点击进路始终端按钮），开放引导信号接车。

车站值班员须将引导接车调度命令的号码及内容向司机（运转车长）转达。

车站值班员确认列车全部进入接车线后，同时点击本咽喉的总人工解锁按钮和该进站信号机的进路始端按钮，使引导进路上的白光带熄灭，进路解锁。

3. 进站信号机红灯熄灭（车站联锁机显示器显

示进站信号复示器闪红灯）不能开放引导信号时的接车

故障现象　进站信号机红灯熄灭，车站联锁机显示器显示进站信号复示器闪红灯，导致进站信号机不能显示进行信号和引导信号。车站联锁机显示器显示故障报警信息框或灯丝断丝报警灯红闪，同时报警语音提示。

故障现象如图 3－3 所示。

作业准备　通过车站联锁机显示器显示确认故障现象后，车站值班员应首先报告列车调度员，通知值班干部上岗监控，在《行车设备检查登记簿》内登记。登记内容：发生故障的日期、时间、设备名称、故障现象，并通知电务人员现场维修。如电务登记“设备故障，暂不能修复，请车务按非正常办法办理”后，车站值班员应再次向列车调度员报告，请求并接收引导接车的调度命令，按列车调度员的指示准备接车。

作业要点　通过车站联锁机显示器显示确认接车线路空闲或得到接车线路空闲的报告后，排列调车进路锁闭进路（调车进路不能完全锁闭整个进路时，其他未锁闭道岔单操至所需位置后并单独锁闭）或单操进路上的道岔（含防护道岔）准备进路（并单独锁闭），通过车站联锁机显示器显示确认进路正确后，派引导员引导接车。

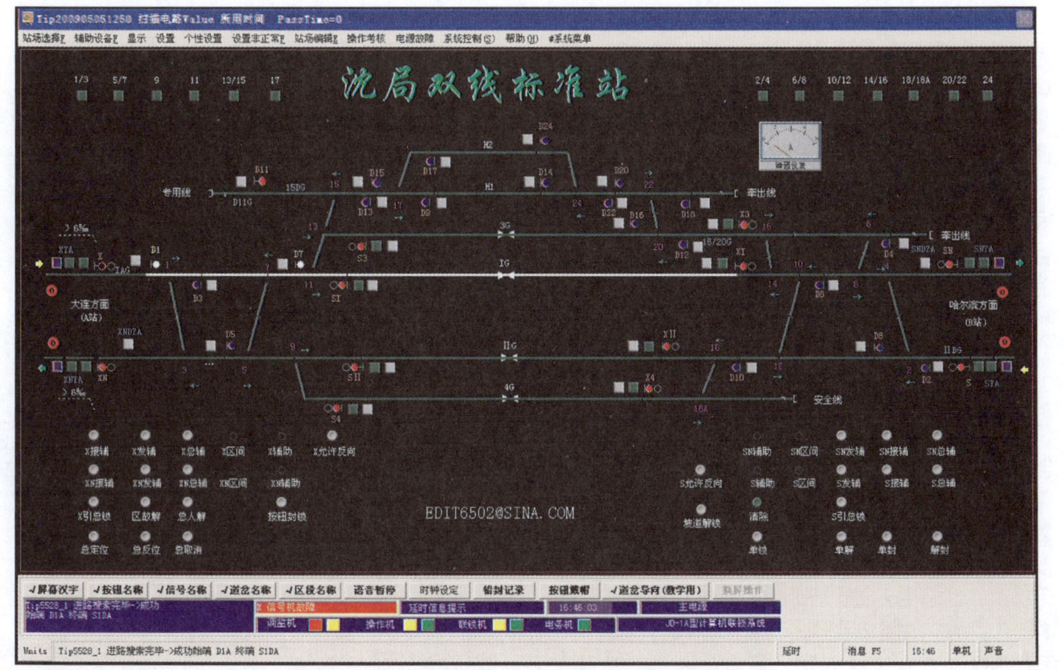

图 3－3　进站信号机红灯熄灭的故障现象

车站值班员须将引导接车调度命令的号码及内容向司机(运转车长)转达。

车站值班员确认列车全部到达进入接车线后,将进路上的单独锁闭道岔解锁。

夜间在确认进站信号机红灯熄灭后应立即取出行车备品箱内的防护信号灯指派胜任人员到故障的进站信号机处,在信号机柱距钢轨顶面不低于 2 m 处加挂信号灯,向区间方面显示红色灯光。

二、轨道电路故障

1. 接车线(含咽喉区无岔区段)轨道电路故障,车站联锁机显示器显示轨道电路红光带,进站信号机不能开放时的接车

故障现象　接车线无机车车辆占用而车站联锁机显示器显示接车线轨道电路红光带,导致进站信号机不能正常开放。车站联锁机显示器显示故障报警信息框红闪,同时报警语音提示。

故障现象如图 3—4 所示。

作业准备　通过车站联锁机显示器显示确认故障现象后,车站值班员应立即指派胜任人员检查接车线路,得到无异状及线路空闲的报告后,向列车调度员报告,通知值班干部上岗监控,在《行车设备检查登记簿》内登记。通知工务、电务人员现场检查,

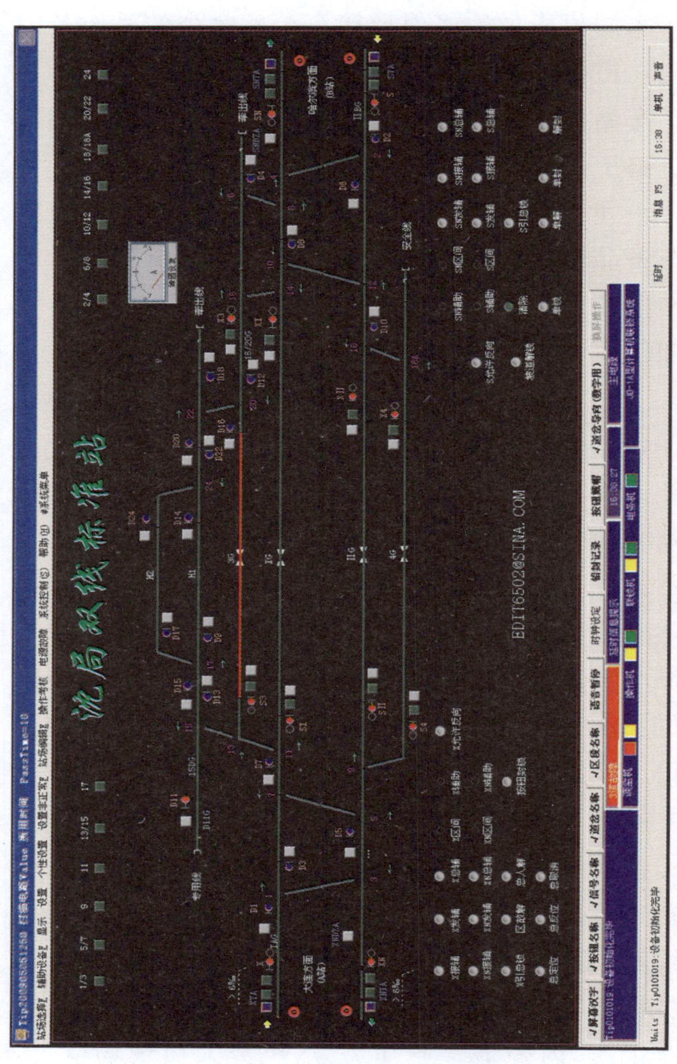

图3－4　车站联锁机显示器显示接车线轨道电路故障

车站值班员必须得到工务人员线路(设备)正常的报告,并在《行车设备检查登记簿》内销记;电务人员确认是轨道电路故障并在《行车设备检查登记簿》内登记,登记内容:“轨道电路故障,暂时不能修复,请车务按非正常办理”。车站值班员再次向列车调度员报告设备情况后,请求并接收引导接车的调度命令,按列车调度员的指示准备接车。

作业要点　通过车站联锁机显示器单操进路上的道岔(含防护道岔)准备接车进路或排列列车、调车进路(排列后取消),通过车站联锁机显示器显示确认进路正确后,方可点击引导信号按钮(引导信号具有选择进路功能的按操作说明需点击进路始终端按钮),开放引导信号接车。

车站值班员须将引导接车调度命令的号码及内容向司机(运转车长)转达。

车站值班员确认列车全部进入接车线后,同时点击本咽喉的总人工解锁按钮和该进站信号机的进路始端按钮,使引导进路上的白光带熄灭,进路解锁。

2.进站信号机内方第一轨道电路区段故障,车站联锁机显示器显示轨道电路红光带,进站信号机不能开放时的接车

故障现象　进站信号机内方第一轨道电路区段无机车车辆占用车站联锁机显示器显示轨道电路红

光带，导致进站信号机不能开放。车站联锁机显示器显示故障报警信息框红闪，同时报警语音提示。

故障现象如图 3—5 所示。

作业准备　通过车站联锁机显示器确认故障现象后，车站值班员应立即指派胜任人员检查故障区段，得到无异状及线路空闲的报告后；向列车调度员报告，通知值班干部上岗监控，在《行车设备检查登记簿》内登记。通知工务、电务人员现场检查，车站值班员必须得到工务人员线路（设备）正常的报告，并在《行车设备检查登记簿》内销记；电务人员确认是轨道电路故障并在《行车设备检查登记簿》内登记，登记内容："轨道电路故障，暂时不能修复请车务按非正常办法办理"。车站值班员再次向列车调度员报告设备情况后，请求并接收引导接车的调度命令，按列车调度员的指示准备接车。

作业要点　通过车站联锁机显示器单操进路上的道岔（含防护道岔）准备接车进路或排列调车进路（排列后取消），通过车站联锁机显示器显示确认进路正确后，方可点击引导信号按钮（引导信号具有选择进路功能的按操作说明需点击进路始终端按钮），点击引导信号按钮时，要连续点击（最大间隔不能大于 13 s），否则引导信号会关闭。当确认列车头部越过进站信号机后方可停止点击引导信号按钮。

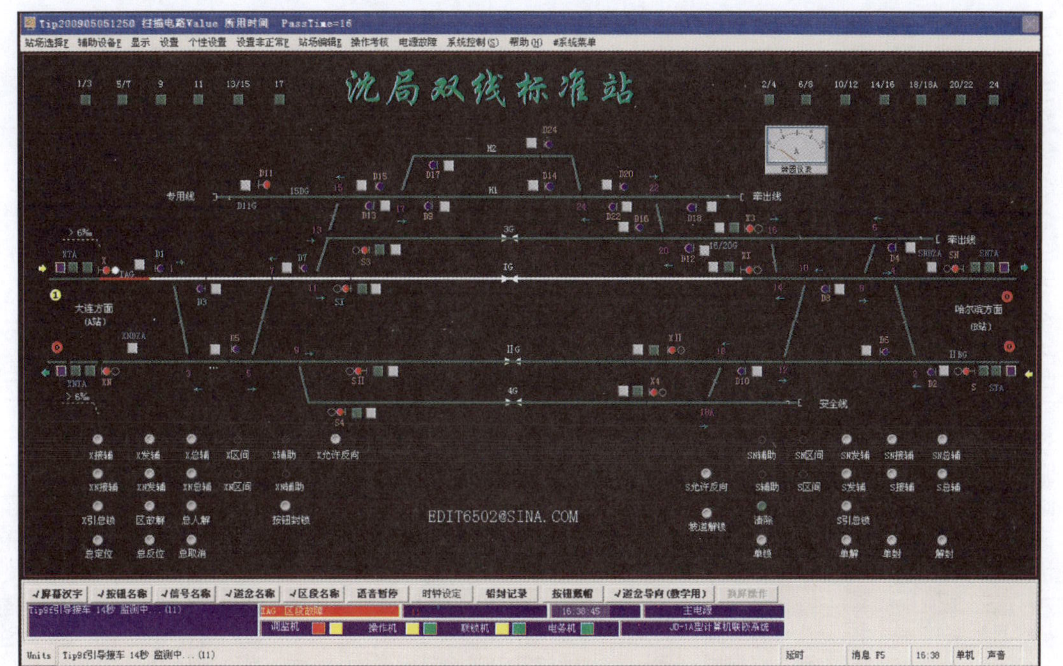

图3－5 车站联锁机显示器显示进站信号机内方第一轨道电路区段故障

车站值班员须将引导接车调度命令的号码及内容向司机(运转车长)转达。

车站值班员确认列车全部进入接车线后,同时点击本咽喉的总人工解锁按钮和该进站信号机的进路始端按钮,使引导进路上的白光带熄灭,进路解锁。

3.接车进路上的道岔区段轨道电路故障车站联锁机显示器显示红光带,进站信号机不能开放时的接车

接车进路上的某一道岔区段轨道电路故障,导致进站信号机不能开放分为两种情况:一种是接车进路中某一道岔区段轨道电路故障,但故障区段中的道岔位置正确不需扳动;另一种是接车进路中某一道岔区段轨道电路故障,但故障区段中的道岔位置不正确需要扳动。

(1)故障现象　接车进路上的某一道岔区段无机车车辆占用车站联锁机显示器显示红光带,导致进站信号机不能正常开放。而该道岔区段内有一组或几组道岔,但该区段内所有的道岔均处在所需位置不需扳动且车站联锁机显示器显示道岔位置正确,表示正常。车站联锁机显示器显示故障报警信息框红闪,同时报警语音提示。

故障现象如图3—6所示。

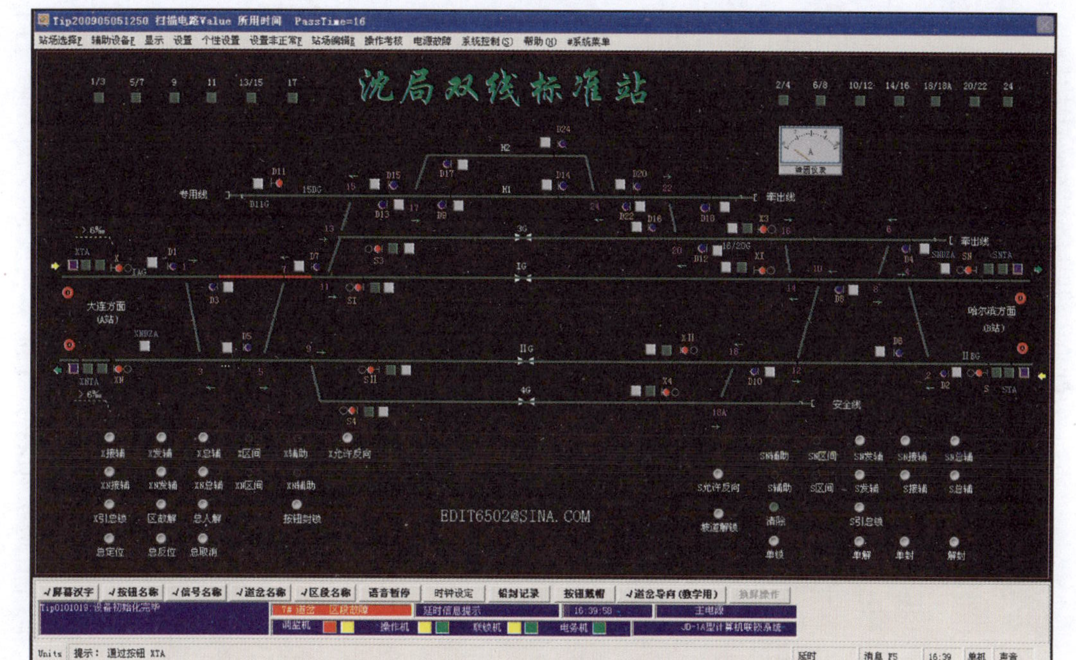

图 3－6　车站联锁机显示器显示接车进路上的某一道岔区段轨道电路故障

作业准备　通过车站联锁机显示器确认故障现象后，车站值班员应立即指派胜任人员检查该故障道岔区段，得到无异状及线路空闲的报告后，向列车调度员报告，通知值班干部上岗监控，在《行车设备检查登记簿》内登记。通知工务、电务人员现场检查，车站值班员必须得到工务人员线路（设备）正常的报告，并在《行车设备检查登记簿》内销记；电务人员确认是轨道电路故障并在《行车设备检查登记簿》内登记，登记内容："轨道电路故障，暂不能修复，请车务按非正常办法办理"。车站值班员再次向列车调度员报告设备情况后，请求并接收引导接车的调度命令，按列车调度员的指示准备接车。

作业要点　车站值班员通过车站联锁机显示器确认进路上的道岔位置，并通过车站联锁机显示器将接车进路上的无故障区段内的道岔（含防护道岔）单操至所需位置（也可采用分段排列调车进路方式准备进路，确认正确后取消）。通过车站联锁机显示器显示确认无故障区段内道岔位置开通正确；对故障区段内的道岔确认位置正确不需扳动并单独锁闭，再次确认进路正确后，方可点击引导信号按钮（引导信号具有选择进路功能的按操作说明需点击进路始终端按钮），开放引导信号接车。

车站值班员须将引导接车调度命令的号码及内

容向司机(运转车长)转达。

车站值班员确认列车全部进入接车线后，同时点击本咽喉的总人工解锁按钮和该进站信号机的进路始端按钮，使引导进路上的白光带熄灭，进路解锁。并将进路上单独锁闭的道岔解锁。

(2)故障现象　接车进路上的某一道岔区段无机车车辆占用车站联锁机显示器显示红光带，导致进站信号机不能正常开放，而该道岔区段内有一组或几组道岔，个别道岔位置未在所需位置需要扳动。车站联锁机显示器显示故障报警信息框红闪，同时报警语音提示。

故障现象如图 3—7 所示。

作业准备　通过车站联锁机显示器显示确认故障现象后，车站值班员应立即指派胜任人员检查该故障道岔区段，得到无异状及线路空闲的报告后，向列车调度员报告，通知值班干部上岗监控，在《行车设备检查登记簿》内登记。通知工务、电务人员现场检查，车站值班员必须得到工务人员线路(设备)正常的报告，并在《行车设备检查登记簿》内销记；电务人员确认是轨道电路故障并在《行车设备检查登记簿》内登记，登记内容："轨道电路故障，暂不能修复，请车务按非正常办法办理"。车站值班员再次向列车调度员报告设备情况后，请求并接收引导接车的调度命令，按列车调度员的指示准备接车。

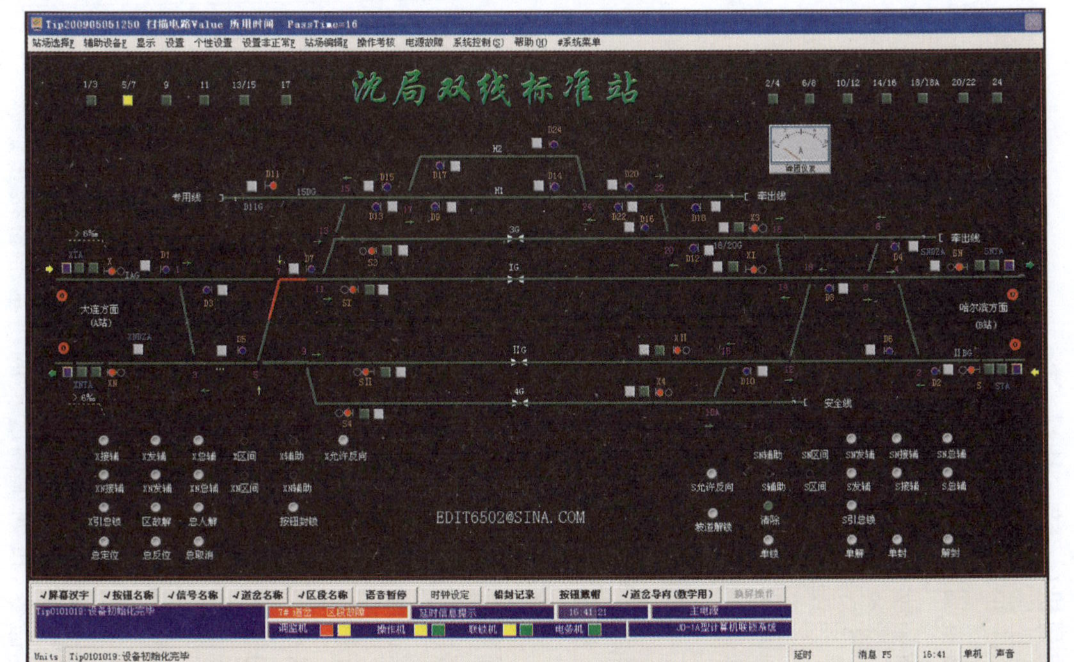

图 3－7 车站联锁机显示器显示接车进路上某一道岔区段轨道电路故障

作业要点　车站值班员通过车站联锁机显示器显示确认进路上的道岔位置。并通过车站联锁机显示器将接车进路上无故障区段内的道岔单操至所需位置（也可采用分段排列调车进路的方式准备部分进路，确认正确后取消），通过车站联锁机显示器显示确认无故障区段内道岔位置开通正确；对故障区段内的道岔位置不正确需扳动的，应登记、开锁、破封取出道岔手摇把，指派胜任人员到现场，将故障区段道岔摇向所需位置（故障区段的道岔扳动后道岔就失去表示），检查确认尖轨与基本轨密贴良好并按规定加锁，分动外锁闭道岔还要确认心轨和斥离尖轨位置，在确认道岔位置正确后，无论对向还是顺向，使用专用勾锁器对密贴尖轨、斥离尖轨、可动心轨进行加锁固定，准备进路时必须执行双人确认或一人两次确认制度。

加锁方法及位置如图 3－8(a)、(b)、(c)所示。

图 3－8(a)　普通道岔加锁示意图

图 3—8(b) 提速分动外锁闭道岔密贴尖轨、斥离尖轨加锁示意图

图 3—8(c) 可动心轨道岔加锁示意图

车站值班员必须得到扳道人员进路准备好了和进路确认正确的报告后，方可点击本咽喉的引导总锁闭按钮和引导信号按钮，开放引导信号接车。此时该咽喉区不能办理其他任何进路。

车站值班员须将引导接车调度命令的号码及内容向司机（运转车长）转达。

车站值班员必须得到接车的扳道人员列车全部进入接车线的报告后，方可点击本咽喉的引导总锁闭按钮，使全咽喉的道岔解锁。

扳道人员将加锁的道岔解锁恢复定位，连续作业时，按车站值班员的指示办理。

三、接车进路上的道岔失去表示

故障现象　车站联锁机显示器显示接车进路上的道岔，失去定、反位表示（定位或反位表示全部熄灭），导致进站信号机不能开放，失去表示同时车站联锁机显示器显示故障报警信息框或挤岔报警灯红闪，同时报警语音提示。

故障现象如图 3—9 所示。

作业准备　通过车站联锁机显示器显示确认故障现象后，车站值班员应立即指派胜任人员检查故障道岔，得到无异状及线路空闲的报告后，向列车调度员报告，通知值班干部上岗监控，在《行车设备检查

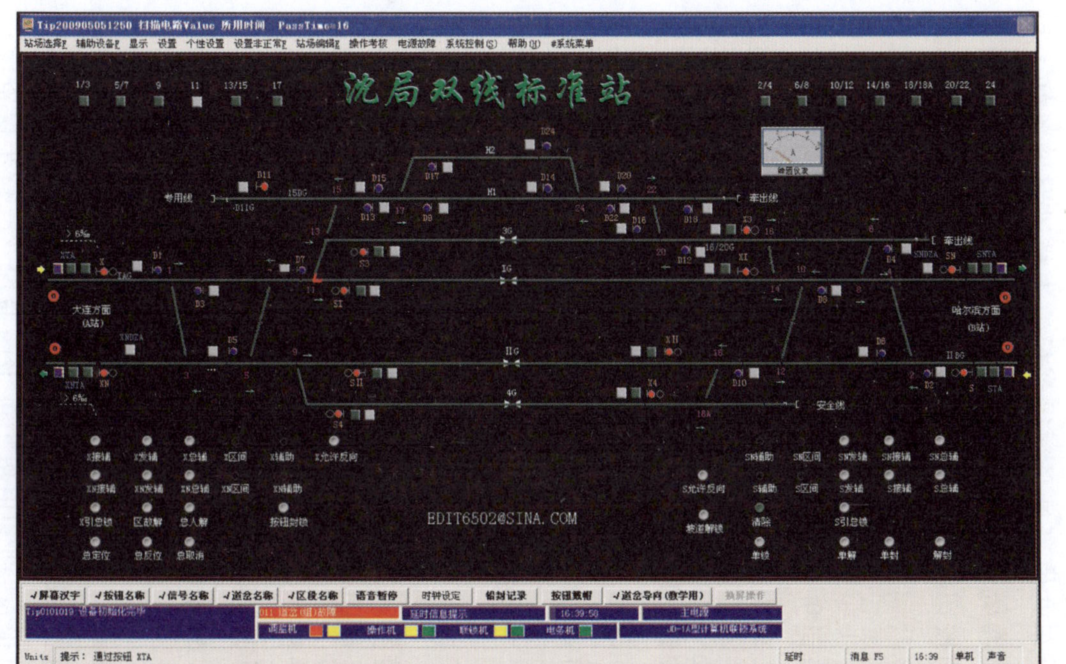

图 3—9　车站联锁机显示器显示道岔失去定、反位表示故障

登记簿》内登记，通知工务、电务人员现场检查。车站值班员必须得到工务人员线路（设备）正常的报告，并在《行车设备检查登记簿》内销记；电务人员确认是电务设备故障，并在《行车设备检查登记簿》内登记，登记内容："电务设备故障暂时不能修复，请车务按非正常办法办理（分动外锁闭道岔失去锁闭功能时要写明）"。车站值班员再次向列车调度员报告设备情况后，请求并接收引导接车的调度命令，按列车调度员的指示准备接车。

作业要点　车站值班员通过车站联锁机显示器显示确认进路上的道岔位置，在室内通过车站联锁机显示器将接车进路上的无故障道岔单操至所需位置，通过车站联锁机显示器显示确认无故障道岔位置开通正确，也可以采用排列调车进路的方式准备部分进路，确认正确后取消。同时登记、开锁、破封取出道岔手摇把，指派胜任人员到现场将故障道岔摇向所需位置，检查尖轨与基本轨密贴良好并按规定加锁，分动外锁闭道岔还要确认心轨和斥离尖轨位置，在确认道岔位置正确后，不论对向还是顺向，使用专用勾锁器对密贴尖轨、斥离尖轨、可动心轨进行加锁固定（准备进路时必须执行双人确认或一人两次确认制度）。加锁位置如图 3—8 所示。

车站值班员必须得到扳道人员进路准备好了和

确认进路正确的报告后，方可点击引导总锁闭按钮和引导信号按钮，开放引导信号接车。此时该咽喉区不能办理其他任何进路。

车站值班员须将引导接车调度命令的号码及内容向司机（运转车长）转达。

车站值班员必须得到扳道人员列车全部进入接车线的报告后，方可点击本咽喉的引导总锁闭按钮，使全咽喉的道岔解锁。

扳道人员将加锁的道岔解锁恢复定位，连续作业时，按车站值班员的指示办理。

四、车站停电

故障现象　车站信号电源停电后，信联闭设备全部失效，车站联锁机显示器上无任何表示。

故障现象如图 3—10 所示。

作业准备　通过车站联锁机显示器显示确认故障现象后，车站值班员向列车调度员报告，通知值班干部上岗监控。在《行车设备检查登记簿》内登记，通知电务、供电人员现场检查。车站值班员必须得到电务人员确认是设备故障或临时停电，并在《行车设备检查登记簿》内登记，登记内容："站内临时停电，暂不能恢复，请车务按非正常办法办理"。车站值班员再次向列车调度员报告设备情况后，请求并接收

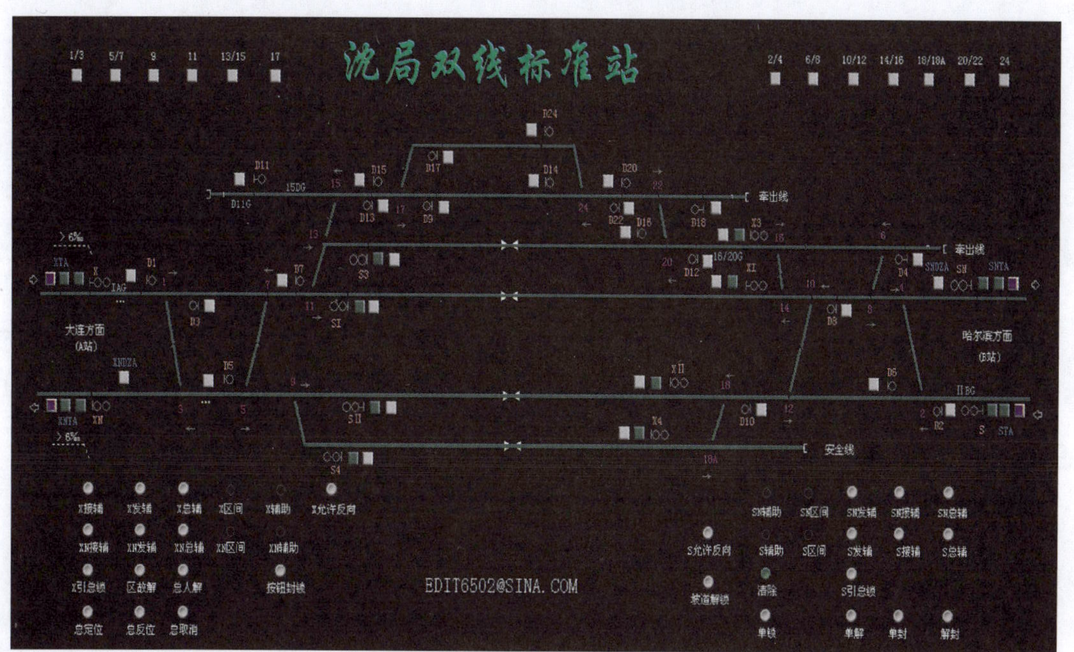

图 3－10 停电后车站联锁机显示器无任何显示，进、出站信号机灭灯

引导接车的调度命令,按列车调度员的指示准备接车。

作业要点　车站值班员先确定接车线路,登记、开锁、破封,取出手摇把。指示助理值班员和两端扳道人员现场检查接车线路空闲。车站值班员必须得到线路空闲的报告后,指示扳道人员准备接车进路,扳道人员应正确及时的准备进路,将进路上的道岔摇向所需位置,检查尖轨与基本轨密贴良好,并将进路上的有关对向道岔及邻线上的防护道岔开通防护位置加锁,分动外锁闭道岔还要确认心轨和斥离尖轨位置,在确认道岔位置正确后,不论对向还是顺向,使用专用勾锁器对密贴尖轨、斥离尖轨、可动心轨进行加锁固定。加锁方法如图 3—8 所示。车站值班员接到扳道人员进路准备好了的报告后,指示引导员(设进路检查人员时为进路检查人员)再次确认接车进路正确,在得到引导员进路确认正确的报告后,方可派引导员到引导地点显示引导手信号接车。

车站值班员须将引导接车调度命令的号码及内容向司机(运转车长)转达。

列车全部进入接车线后,扳道人员将加锁的道岔解锁恢复定位,连续作业时,按车站值班员的指示办理。

夜间应立即取出行车备品箱内的防护信号灯,指派胜任人员到该站所有进站信号机处,在信号机柱距钢轨顶面不低于 2 m 处加挂信号灯，向区间方面显示红色灯光。

五、一切电话中断时接车

作业准备　故障出现后，车站值班员立即设法通知值班干部上岗监控，在《行车设备检查登记簿》内登记，派人通知通信人员现场检查。通信人员到后在《行车设备检查登记簿》内登记。

作业要点　车站值班员通告助理值班员（设信号员的包括信号员），现在一切电话中断。开放进站信号接车，车站值班员确认信号显示正确后，指示助理值班员接车并接收凭证。

第二节　发　　车

一、出站信号机仅能显示黄色灯光时办理特快旅客列车通过

故障现象　出站信号机不能显示绿色、绿黄色灯光，仅能显示黄色灯光，车站联锁机显示器显示信号复示器及离去监督器表示正常。车站联锁机显示器显示故障报警信息框或灯丝断丝报警灯红闪，同时报警语音提示。

故障现象如图 3—11 所示。

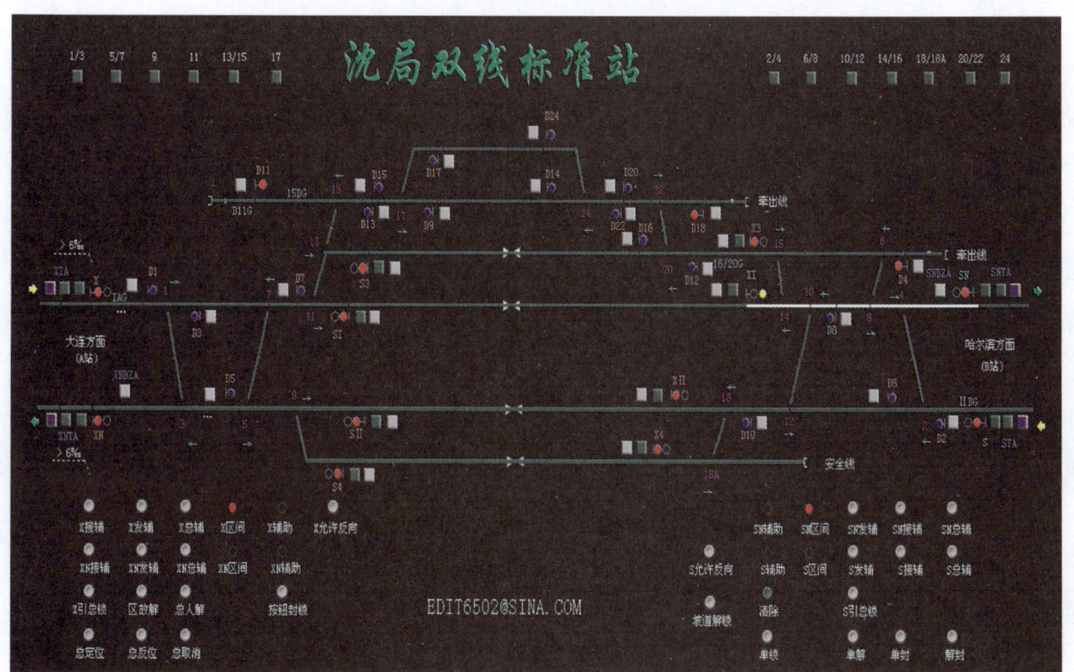

图 3—11　车站联锁机显示器显示正常，出站信号机显示黄色灯光

作业准备　车站值班员接到报告后，向列车调度员报告，通知值班干部上岗监控，在《行车设备检查登记簿》内登记。通知电务人员现场检查维修，电务登记："设备故障，暂不能修复，请车务按非正常办法办理"。车站值班员再次向列车调度员报告设备情况后，按列车调度员的指示准备接车通过。

作业要点　车站值班员通过车站联锁机显示器正常排列发车进路，开放进出站信号，通过车站联锁机显示器显示确认信号开放正确后方可填写绿色许可证。

绿色许可证填写如表3—1所示。

表3—1

许　可　证　　　　第2号
~~1.在出站(进路)信号机故障，未设出站信号机、列车头部越过出站(进路)信号机的情况下，准许第______次列车由______线上发车。~~
2.在出站信号机显示黄色灯光的状态下，准许第T452次列车由2线上通过。
浑河站 站(站名印)车站值班员(签名) 赵　禹
2010年1月1日填发

注：1.绿色纸，复写一式两份，司机一份，存根一份；　　（规格90 mm×130 mm）

2.不用的字句抹消。

助理值班员与车站值班员认真核对绿色许可证，核对正确，再次通过车站联锁机显示器显示确认发车通过进路正确后（由于设备的关系助理值班员不能通过车站联锁机显示器显示确认发车进路时可不确认），到《站细》规定地点显示通过手信号，交递行车凭证。

监督器不表示时，发车前确认接到前次列车到达邻站的通知或前次列车发出后不少于 10 min 的时间。同时还应填写监督器不能确认第一闭塞分区空闲通知书交司机。

二、发车进路信号机故障不能开放

故障现象　发车进路信号机故障不能显示进行信号，车站联锁机显示器显示故障报警信息框或灯丝断丝报警灯红闪，同时报警语音提示。

故障现象如图 3—12 所示。

作业准备　通过联锁机显示器显示确认故障现象后，车站值班员向列车调度员报告，通知值班干部并上岗监控，在《行车设备检查登记簿》内登记，通知电务人员现场检查维修，电务登记："设备故障，暂不能修复，请车务按非正常办法办理"。车站值班员再次向列车调度员报告设备情况后，按列车调度员的指示准备发车。

作业要点　车站值班员通过联锁机显示器显示确认发车进路空闲，至次一架信号机间线路空闲后，

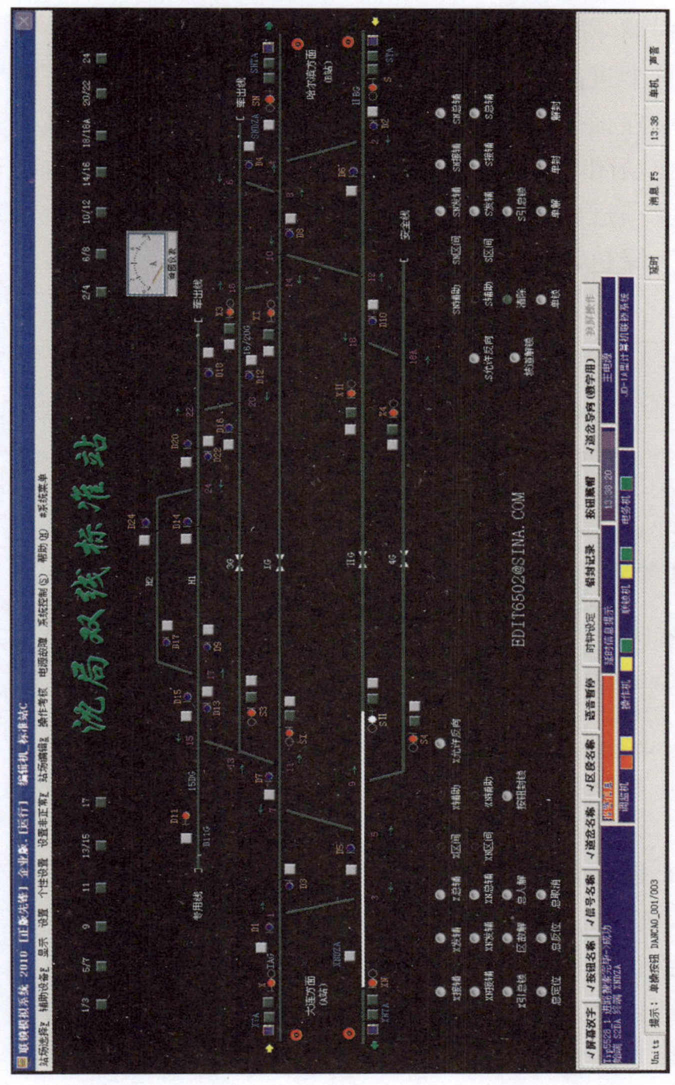

图 3－12 发车进路信号机故障现象

排列调车进路锁闭发车进路（调车进路不能完全锁闭整个进路时，其他未锁闭道岔单操至所需位置后并单独锁闭）或单操道岔（含防护道岔）准备进路（并单独锁闭）。车站值班员通过联锁机显示器显示确认发车进路正确后，方可填写绿色许可证。

绿色许可证填写如表 3－2 所示。

表 3－2

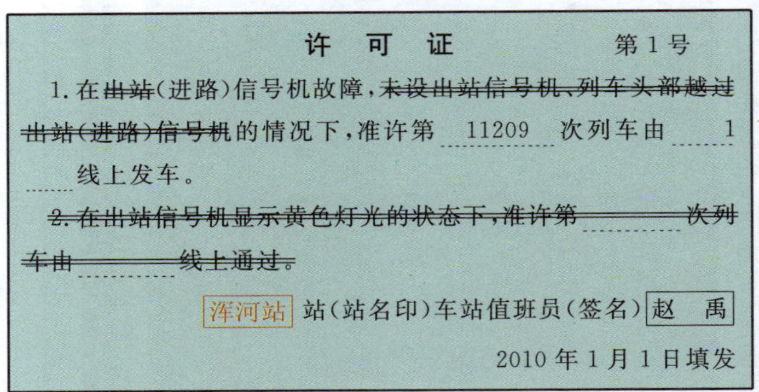

许　可　证　　　　第 1 号

1. 在~~出站~~（进路）信号机故障，~~未设出站信号机、列车头部越过出站（进路）信号机~~的情况下，准许第 11209 次列车由 1 线上发车。

~~2. 在出站信号机显示黄色灯光的状态下，准许第　　　　次列车由　　　　线上通过。~~

泽河站 站（站名印）车站值班员（签名）赵　禹

2010 年 1 月 1 日填发

注：1. 绿色纸，复写一式两份，司机一份，存根一份；　　（规格 90 mm×130 mm）
2. 不用的字句抹消。

助理值班员与车站值班员认真核对绿色许可证，核对正确，通过联锁机显示器显示再次确认发车进路正确后（由于设备的关系，助理值班员不能通过联锁机显示器显示确认发车进路时可不确认），与司机核对绿色许可证，无误后交付司机，确认发车条件具备，指示发车或发车。

列车到达次一架信号机前按其显示的要求执行。

三、出站信号机故障不能开放

故障现象 出站信号机故障不能显示进行信号，车站联锁机显示器显示故障报警信息框或灯丝断丝报警灯红闪，同时报警语音提示。

离去监督器表示正常。

故障现象如图3—13所示。

作业准备 通过车站联锁机显示器显示确认故障现象后，车站值班员向列车调度员报告，通知值班干部并上岗监控，在《行车设备检查登记簿》内登记。通知电务人员现场检查维修，电务登记："设备故障，暂不能修复，请车务按非正常办法办理"。车站值班员再次向列车调度员报告设备情况后，按列车调度员的指示准备发车。

作业要点 车站值班员通过车站联锁机显示器显示确认离去表示，排列调车进路锁闭发车进路（调车进路不能完全锁闭整个进路时，其他未锁闭道岔单操至所需位置后并单独锁闭）或单操道岔（含防护道岔）准备进路（并单独锁闭）。车站值班员通过车站联锁机显示器显示确认发车进路正确后，方可填写绿色许可证。

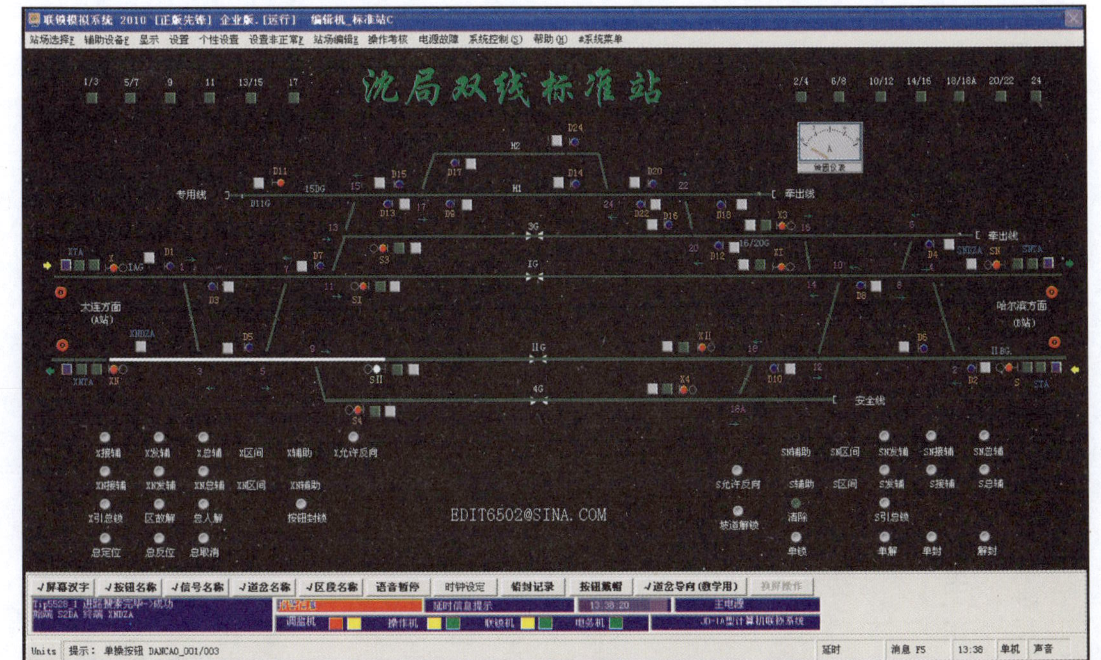

图 3－13　出站信号机故障现象

绿色许可证填写如表 3—3 所示。

表 3—3

许 可 证 第 1 号
1. 在出站~~(进路)~~信号机故障,~~未设出站信号机、列车头部越过出站(进路)信号机~~的情况下,准许第 11209 次列车由 1 线上发车。
~~2. 在出站信号机显示黄色灯光的状态下,准许第 次列车由 线上通过。~~
浑河站 站(站名印)车站值班员(签名) 赵 禹
2010 年 1 月 1 日填发

注:1. 绿色纸,复写一式两份,司机一份,存根一份; (规格 90 mm×130 mm)
2. 不用的字句抹消。

助理值班员与车站值班员认真核对绿色许可证,核对正确,通过车站联锁机显示器显示再次确认发车进路正确后(由于设备的关系助理值班员不能通过车站联锁机显示器显示确认发车进路时可不确认),与司机核对绿色许可证,无误后交付司机,确认发车条件具备,指示发车或发车。

监督器不表示时,发车前确认接到前次列车到达邻站的通知或前次列车发出后不少于 10 min 的时间。同时还应填写监督器不能确认第一闭塞分区空闲通知书交司机。

四、发车进路轨道电路故障，出站信号机（含发车进路信号机，下同）不能开放

发车进路上的某一道岔区段轨道电路故障，导致出站信号机不能开放分为两种情况：一种是发车进路中某一道岔区段轨道电路故障，但故障区段中的道岔位置正确不需扳动；另一种是发车进路中某一道岔区段轨道电路故障，但故障区段中的道岔位置不正确需要扳动。

(1)故障现象　发车进路上的某一道岔区段无机车车辆占用车站联锁机显示器显示红光带，导致出站信号机不能正常开放。而该道岔区段内有一组或几组道岔，但该区段内所有的道岔均处在所需位置不需扳动且车站联锁机显示器显示道岔位置正确表示正常。车站联锁机显示器显示故障报警信息框红闪，同时报警语音提示。

故障现象如图3－14所示。

作业准备　通过车站联锁机显示器显示确认故障现象后，车站值班员应立即指派胜任人员检查故障区段，得到无异状及线路空闲的报告后，向列车调度员报告，通知值班干部上岗监控，在《行车设备检查登记簿》内登记，通知工务、电务人员现场检查。车站值班员必须得到工务人员线路（设备）正常的报

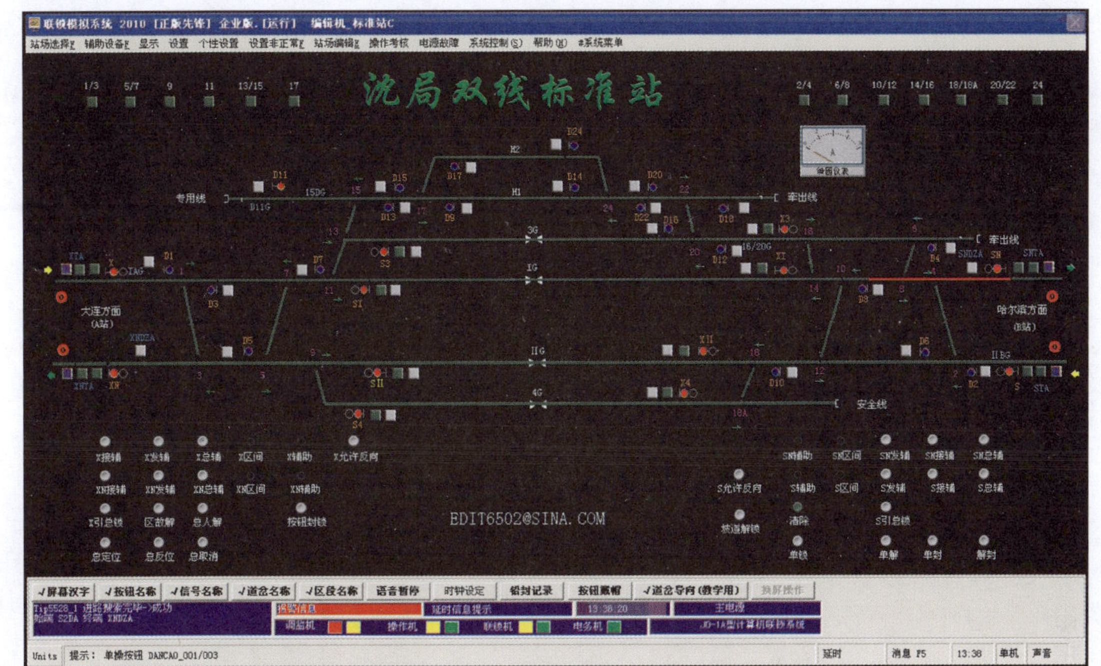

图 3－14 车站联锁机显示器显示发车进路轨道电路故障及出站信号机不能开放

告，并在《行车设备检查登记簿》内销记；电务人员确认是轨道电路故障，并在《行车设备检查登记簿》内登记，登记内容："轨道电路故障，暂不能修复，请车务按非正常办法办理"。车站值班员再次向列车调度员报告设备情况后，按列车调度员的指示准备发车。

作业要点　车站值班员通过车站联锁机显示器将进路上无故障区段内的道岔（含防护道岔）单操至所需位置，并单独锁闭（也可采用分段排列调车进路的方法锁闭进路）。通过车站联锁机显示器显示确认无故障区段内的道岔位置开通正确。

故障区段内道岔位置正确不需扳动时，将故障区段内道岔单独锁闭，通过车站联锁机显示器显示确认进路正确后，方可填写绿色许可证。

绿色许可证填写如表 3－4 所示。

表 3－4

许　可　证　　　　第1号
1. 在出站(~~进路~~)信号机故障，~~未设出站信号机、列车头部越过出站(进路)信号机~~的情况下，准许第11209次列车由　1　线上发车。
~~2. 在出站信号机显示黄色灯光的状态下，准许第______次列车由______线上通过。~~
浑河站 站(站名印)车站值班员(签名) 赵　禹
2010年1月1日填发

注：1. 绿色纸，复写一式两份，司机一份，存根一份；　　（规格 90 mm×130 mm）
2. 不用的字句抹消。

助理值班员与车站值班员认真核对绿色许可证，核对正确，再次通过车站联锁机显示器显示确认发车进路正确后（由于设备的关系助理值班员不能通过车站联锁机显示器显示确认发车进路时可不确认），与司机核对绿色许可证，无误后交付司机，确认发车条件具备，指示发车或发车。

监督器不表示时，发车前确认接到前次列车到达邻站的通知或前次列车发出后不少于 10 min 的时间。同时还应填写监督器不能确认第一闭塞分区空闲通知书交司机。

（2）故障现象　发车进路上的某一道岔区段无机车车辆占用车站联锁机显示器显示红光带，导致出站信号机不能正常开放，而该道岔区段内有一组或几组道岔，个别道岔位置未在所需位置需要扳动。车站联锁机显示器显示故障报警信息框红闪，同时报警语音提示。

故障现象如图 3—15 所示。

作业准备　通过车站联锁机显示器确认故障现象后，车站值班员应立即指派胜任人员检查该故障道岔区段，得到无异状及线路空闲的报告后，向列车调度员报告，通知值班干部上岗监控，在《行车设备检查登记簿》内登记。通知工务、电务人员现场检查，车站值班员必须得到工务人员线路（设备）正常

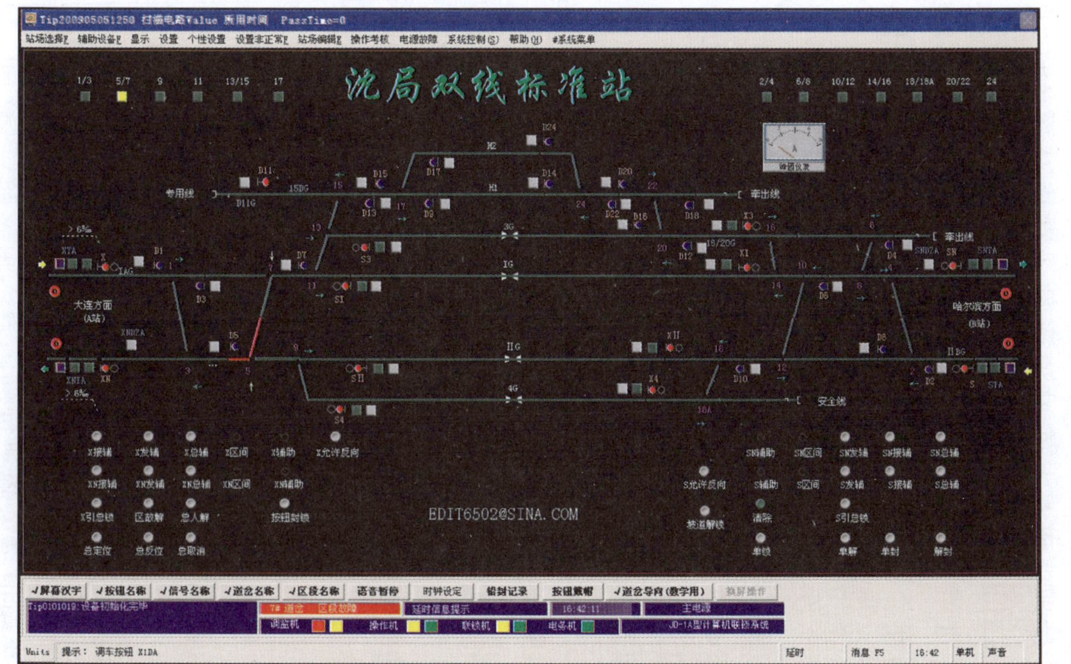

图 3－15　车站联锁机显示器显示发车进路轨道电路故障及出站信号机不能开放

的报告，并在《行车设备检查登记簿》内销记；电务人员确认是轨道电路故障并在《行车设备检查登记簿》内登记，登记内容："轨道电路故障，暂不能修复，请车务按非正常办法办理"。车站值班员再次向列车调度员报告设备情况后，按列车调度员的指示准备发车。

作业要点　车站值班员通过车站联锁机显示器显示确认进路上的道岔位置。并通过车站联锁机显示器将接车进路上无故障区段内的道岔单操至所需位置(也可采用分段排列调车进路的方式准备部分进路)，通过车站联锁机显示器显示确认无故障区段内道岔位置开通正确；对故障区段内的道岔位置不正确需扳动的，应登记、开锁、破封取出道岔手摇把，指派胜任人员到现场，将故障区段道岔摇向所需位置(故障区段的道岔扳动后道岔就失去表示)，检查确认尖轨与基本轨密贴良好并按规定加锁，分动外锁闭道岔还要确认心轨和斥离尖轨位置，在确认道岔位置正确后，无论对向还是顺向，使用专用勾锁器对密贴尖轨、斥离尖轨可动心轨进行加锁固定，准备进路时必须执行双人确认或一人两次确认制度。加锁方法及位置如图 3－8(a)、(b)、(c)所示。

车站值班员必须得到扳道人员进路准备好了和确认正确的报告后，方可填写绿色许可证。

绿色许可证填写如表 3－5 所示。

表 3—5

许　可　证　　第 1 号

1. 在出站(~~进路~~)信号机故障，~~未设出站信号机、列车头部越过出站(进路)信号机~~的情况下，准许第 11209 次列车由 1 线上发车。

~~2. 在出站信号机显示黄色灯光的状态下，准许第　　次列车由　　线上通过。~~

浑河站 站(站名印)车站值班员(签名) 赵　禹

2010 年 1 月 1 日填发

注：1. 绿色纸，复写一式两份，司机一份，存根一份；　　(规格 90 mm×130 mm)
2. 不用的字句抹消。

助理值班员与车站值班员认真核对绿色许可证，核对正确，再次通过车站联锁机显示器显示确认发车进路正确后(由于设备的关系助理值班员不能通过车站联锁机显示器显示确认发车进路时可不确认)，与扳道人员对道后，与司机核对绿色许可证，无误后交付司机，确认发车条件具备，指示发车或发车。

送车的扳道人员在列车全部越过最外方道岔后，报告车站值班员，将加锁的道岔解锁恢复定位；连续作业时，按车站值班员指示办理。

监督器不表示时，发车前确认接到前次列车到达邻站的通知或前次列车发出后不少于 10 min 的时间。同时还应填写监督器不能确认第一闭塞分区空闲通知书交司机。

五、发车进路上的道岔失去表示，出站信号机不能开放

故障现象　车站联锁机显示器显示发车进路上的道岔，失去定、反位表示（定位或反位表示全部熄灭），导致出站信号机不能开放，失去表示同时车站联锁机显示器显示故障报警信息框或挤岔报警灯红闪，同时报警语音提示。

故障现象如图 3—16 所示。

作业准备　通过车站联锁机显示器显示确认故障现象后，车站值班员应立即指派胜任人员检查故障道岔，得到无异状及线路空闲的报告后，向列车调度员报告，通知值班干部上岗监控，在《行车设备检查登记簿》内登记，通知工务、电务人员现场检查。车站值班员必须得到工务人员线路（设备）正常的报告，并在《行车设备检查登记簿》内销记；电务人员确认是电务设备故障，并在《行车设备检查登记簿》内登记，登记内容："电务设备故障，暂不能修复，请车务按非正常办法办理"，分动外锁闭道岔失去锁闭功能时要写明。车站值班员再次向列车调度员报告设备情况后，按列车调度员的指示准备发车。

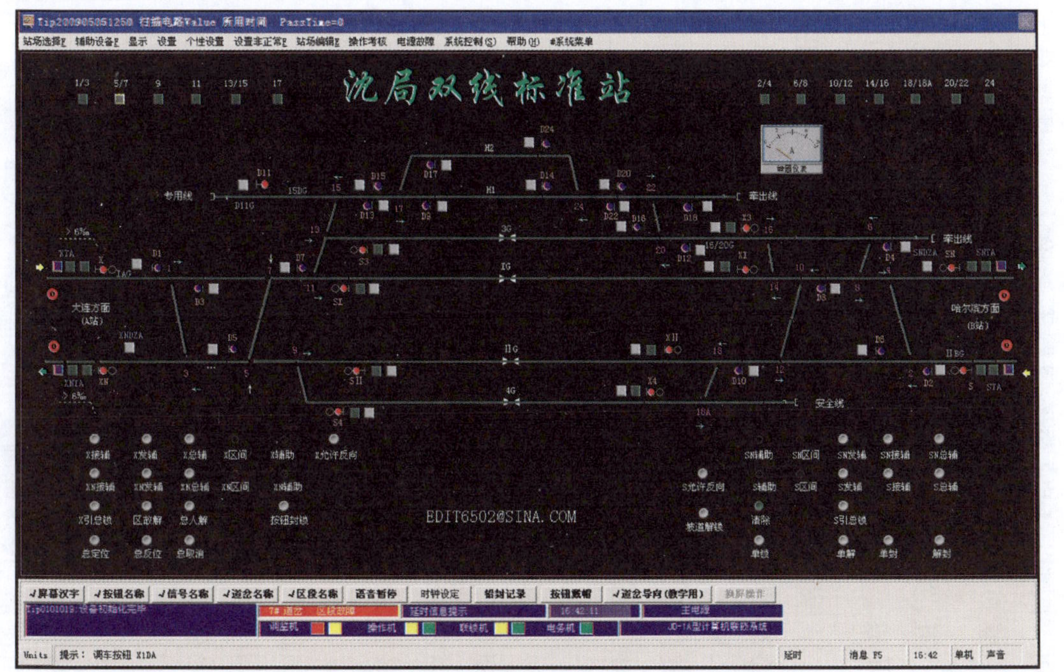

图3－16　车站联锁机显示器显示道岔失去定、反位表示故障

作业要点 车站值班员通过车站联锁机显示器显示确认进路上的道岔位置，通过车站联锁机显示器将进路上无故障道岔（含防护道岔）单操至所需位置并单独锁闭（也可采用分段排列调车进路的方式准备部分进路）。通过车站联锁机显示器显示确认无故障道岔位置开通正确。同时登记、开锁、破封取出道岔手摇把。指派扳道人员到现场将故障道岔摇向所需位置，检查尖轨与基本轨密贴良好后按规定加锁，分动外锁闭道岔还要确认心轨和斥离尖轨位置，在确认道岔位置正确后，不论对向还是顺向，均需使用专用勾锁器对密贴尖轨、斥离尖轨、可动心轨进行加锁固定（准备进路时必须执行两人确认或一人两次确认制度），加锁位置如图 3—8 所示。

车站值班员必须得到扳道人员进路准备好了和确认正确的报告后，方可填写绿色许可证。绿色许可证填写如表 3—6 所示。

助理值班员与车站值班员认真核对绿色许可证，核对正确，再次通过通过车站联锁机显示器显示确认发车进路正确后（由于设备的关系，助理值班员不能通过通过车站联锁机显示器显示确认发车进路时可不确认），与扳道人员对道后，与司机核对绿色许可证，无误后交付司机，确认发车条件具备，指示发车或发车。

表 3－6

许　可　证　　　第1号

1. 在出站~~(进路)~~信号机故障，~~未设出站信号机、列车头部越过出站(进路)信号机~~的情况下，准许第11209 次列车由 1 线上发车。

~~2. 在出站信号机显示黄色灯光的状态下，准许第 次列车由 线上~~通过。

浑河站 站(站名印)车站值班员(签名) 赵　禹

2010 年 1 月 1 日填发

注：1. 绿色纸，复写一式两份，司机一份，存根一份；　　（规格 90 mm×130 mm）

2. 不用的字句抹消。

送车的扳道人员在列车全部越过最外方道岔后，报告车站值班员，将加锁的道岔解锁恢复定位；连续作业时，按车站值班员指示办理。

监督器不表示时，发车前确认接到前次列车到达邻站的通知或前次列车发出后不少于 10 min 的时间。同时还应填写监督器不能确认第一闭塞分区空闲通知书交司机。

六、站内临时停电

故障现象　车站信号电源停电后，信联闭设备全部失效，车站联锁机显示器上无任何表示。

故障现象如图 3－17 所示。

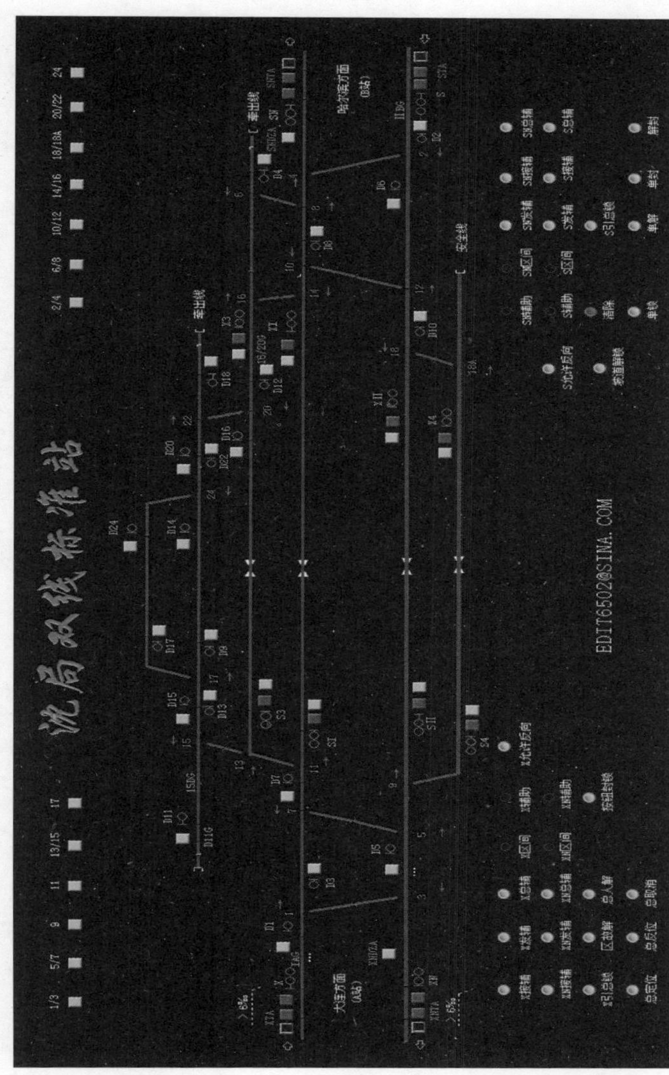

图 3－17 停电后车站联锁机显示器无任何显示，进、出站信号机灭灯

作业准备　通过车站联锁机显示器确认故障现象后，车站值班员向列车调度员报告，通知值班干部上岗监控，在《行车设备检查登记簿》内登记，通知供电、电务人员现场检查。车站值班员必须得到供电、电务人员确认设备故障或站内临时停电，并在《行车设备检查登记簿》内登记，登记内容："站内临时停电，区间正常，暂不能恢复，请车务按非正常办法办理"。车站值班员再次向列车调度员报告设备情况后，按列车调度员的指示准备发车。

作业要点　车站值班员登记、破封、开锁取出道岔手摇把，指示扳道人员准备发车进路，扳道人员应正确及时的准备进路，将进路上的道岔摇向所需位置，检查尖轨与基本轨密贴良好，并将进路上的有关对向道岔及邻线上的防护道岔加锁，分动外锁闭道岔无论是对向还是顺向，还要确认心轨和斥离尖轨位置正确后，使用专用勾锁器对密贴尖轨、斥离尖轨、可动心轨进行加锁固定(准备进路时必须执行两人确认或一人两次确认制度)。勾锁器加锁方法及位置如图 3—8 所示。

车站值班员必须得到扳道人员进路准备好了的报告后，指示扳道人员再次确认发车进路正确。得到确认正确的报告后，接到前次列车到达邻站的通知或前次列车发出后不少于 10 min 的时间，方可填写绿色许可证和监督器不能确认第一闭塞分区空闲通知书。

绿色许可证和通知书的填写如表 3—7、表 3—8 所示。

表 3—7

许　可　证　　　　第 1 号

1. 在出站~~(进路)~~信号机故障，~~未设出站信号机、列车头部越过出站(进路)信号机~~的情况下，准许第 11209 次列车由 1 线上发车。

~~2. 在出站信号机显示黄色灯光的状态下，准许第　　次列车由　　线~~上通过。

浑河站 站(站名印)车站值班员(签名) 赵　禹

2010 年 1 月 1 日填发

注：1. 绿色纸，复写一式两份，司机一份，存根一份；　　(规格 90 mm×130 mm)

2. 不用的字句抹消。

表 3—8

监督器不能确认第一闭塞分区空闲通知书

11209 次司机，浑河 站从监督器上不能确认浑河 站一沈阳 站间 下 行线第一个闭塞分区空闲，以在瞭望距离内能随时停车的速度，最高不超过 20 km/h，运行到第一架通过信号机，按其显示的要求执行。

浑河站 站(站名印)车站值班员(签名) 赵　禹

2010 年 1 月 1 日填发

注：1. 白色纸，复写一式两份，司机一份，车站存根一份。

2. 规格：90 mm×130 mm。

助理值班员与车站值班员认真核对绿色许可证及监督器不能确认第一闭塞分区空闲通知书，核对正确，与扳道人员对道后，与司机核对绿色许可证及监督器不能确认第一闭塞分区空闲通知书，无误后交付司机，确认发车条件具备，指示发车或发车。

送车的扳道人员在列车全部越过最外方道岔后，报告车站值班员，将加锁的道岔解锁恢复定位；连续作业时，按车站值班员指示办理。

夜间应立即取出行车备品箱内的防护信号灯指派胜任人员到该站所有进站信号机处，在信号机柱距钢轨顶面不低于 2 m 处加挂信号灯，向区间方面显示红色灯光。

七、监督器不能确认第一闭塞分区空闲发车

故障现象　监督器第一离去轨道电路故障，车站联锁机显示器显示红光带或有车占用显示空闲，出站信号机不能开放。车站联锁机显示器显示故障报警信息框红闪，同时报警语音提示。

故障现象如图 3—18 所示。

作业准备　通过车站联锁机显示器确认故障现象后，车站值班员向列车调度员报告，通知值班干部上岗监控，在《行车设备检查登记簿》内登记，通知工务、电务人员现场检查，车站值班员必须得到电务人

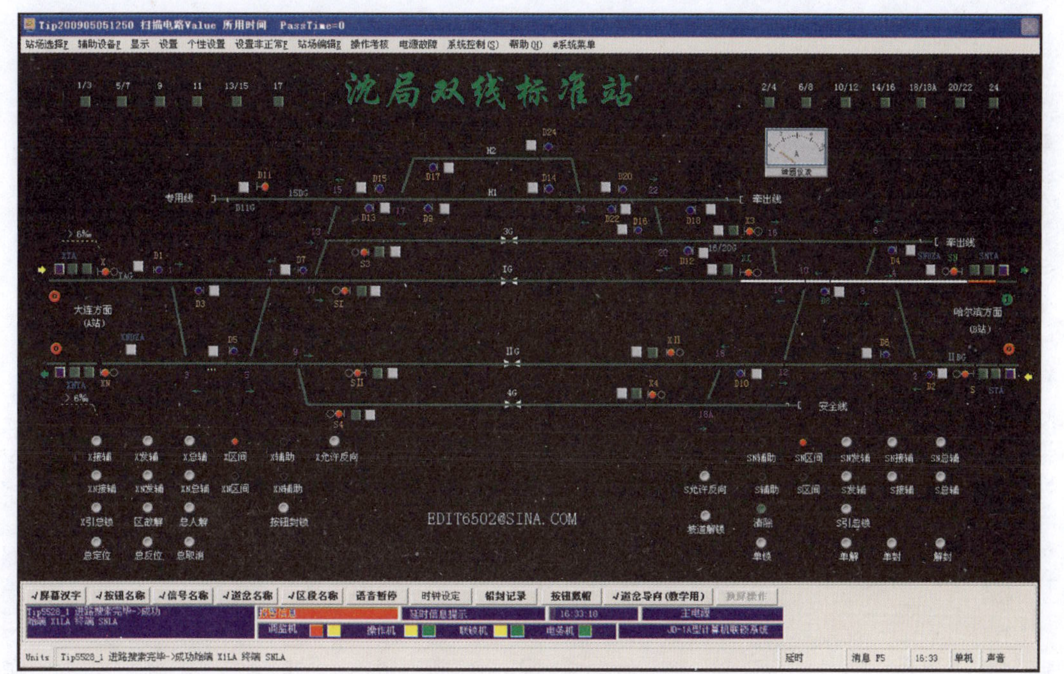

图 3－18 车站联锁机显示器显示监督器第一离去故障

员确认是电务设备故障，并在《行车设备检查登记簿》内登记，登记内容："电务设备故障，暂不能修复，请车务按非正常办法办理"（如工务人员登记需封锁或限速按工务登记办理）。车站值班员再次向列车调度员报告设备情况后，按列车调度员的指示准备发车。

作业要点　车站值班员通过车站联锁机显示器排列调车进路锁闭发车进路（调车进路不能完全锁闭整个发车进路时，其他未锁闭道岔单操至所需位置后并单独锁闭）或单操道岔（含防护道岔）准备进路并单独锁闭，车站值班员通过车站联锁机显示器确认发车进路正确后，在接到前次列车到达邻站的通知或前次列车发出不少于 10 min 的时间后，方可填写绿色许可证及监督器不能确认第一闭塞分区空闲通知书。绿色许可证及监督器不能确认第一闭塞分区空闲通知书填写如表 3－9、表 3－10 所示。

助理值班员与车站值班员认真核对绿色许可证及监督器不能确认第一闭塞分区空闲通知书，核对正确，通过车站联锁机显示器显示再次确认发车进路正确后（由于设备的关系，助理值班员不能通过车站联锁机显示器显示确认发车进路时可不确认），与司机核对绿色许可证及监督器不能确认第一闭塞分区空闲通知书，无误后一并交付司机，确认发车条件具备，指示发车或发车。

表 3—9

许 可 证 第 1 号

1. 在出站(~~进路~~)信号机故障,~~未设出站信号机、列车头部越过出站(进路)信号机~~的情况下,准许第11209 次列车由 1 线上发车。

~~2. 在出站信号机显示黄色灯光的状态下,准许第______次列车由______线上通过~~。

浑河站 站(站名印)车站值班员(签名) 赵 禹

2010 年 1 月 1 日填发

注:1. 绿色纸,复写一式两份,司机一份,存根一份; (规格 90 mm×130 mm)

2. 不用的字句抹消。

表 3—10

监督器不能确认第一闭塞分区空闲通知书

11209 次司机,浑河 站从监督器上不能确认 浑河 站— 沈阳 站间 下 行线第一个闭塞分区空闲,以在瞭望距离内能随时停车的速度,最高不超过 20 km/h,运行到第一架通过信号机,按其显示的要求执行。

浑河站 站(站名印)车站值班员(签名) 赵 禹

2010 年 1 月 1 日填发

注:1. 白色纸,复写一式两份,司机一份,车站存根一份。

2. 规格:90 mm×130 mm。

八、自动闭塞区间内两架及其以上通过信号机（含区间内仅设有一架通过信号机）故障

故障现象　CTC 或 TDCS 终端显示区间内两架及其以上通过信号机（含区间内仅设有一架通过信号机）显示红灯（灯光熄灭）或轨道电路故障显示红光带等，站内信号设备正常。

作业准备　车站值班员通过 CTC 或 TDCS 终端确认区间内两架及其以上通过信号机（含区间内仅设有一架通过信号机）故障，或接到列车司机、电务人员等报告区间内有两架通过信号机（含区间内仅设有一架通过信号机）故障后，立即向列车调度员报告，通知值班干部上岗监控，在《行车设备检查登记簿》内登记，通知工务、电务人员现场检查，车站值班员必须得到工务人员线路（设备）正常的报告，若因轨道电路故障显示红光带时还要得到故障区段空闲的报告，并在《行车设备检查登记簿》内销记；电务人员确认是电务设备故障，并在《行车设备检查登记簿》内登记，登记内容："电务设备故障，暂不能修复，请车务按非正常办法办理"（如工务人员登记需封锁或限速按工务登记办理）。车站值班员再次向列车调度员报告设备情况，请求并接收停止基本闭塞法改按电话闭塞法行车的调度命令，按列车调度员的指示准备发车。

作业要点 车站值班员根据列车调度员的命令，停止基本闭塞法改用电话闭塞法行车，根据 CTC 或 TDCS 终端、《行车日志》、各种行车安全帽及有关人员的报告确认区间空闲，与接车站办理闭塞手续，记录接车站发出同意闭塞的电话记录号码(上行为双号下行为单号)。双线区间正方向首列需向接车站请求闭塞，除首列外，根据收到的前次列车到达的电话记录办理发车预告。闭塞办理完毕后，揭挂“区间占用”安全帽(表示牌，下同)。

通过车站联锁机显示器排列列车进路(此时出站信号不是进入区间凭证)、调车进路锁闭发车进路(调车进路不能完全锁闭整个进路时，其他未锁闭道岔单操至所需位置后并单独锁闭)或单操道岔(含防护道岔)准备进路(并单独锁闭)，通过车站联锁机显示器显示确认发车进路正确后，方可填写路票。

路票填写如表 3－11 所示。

表 3－11

路　票
电话记录第 1 号
车次 11209
浑河 ➡ 沈阳
浑河站(站名印)　　编号 000456

注：1. 路票为预先印好区间(即站名)和编号的硬卡片；(规格为 75 mm×88 mm)

2. 加盖㊄字戳记者，为路票副页。

助理值班员与车站值班员认真核对路票及调度命令，核对车次、区间、号码。再次通过车站联锁机显示器显示确认发车进路正确后（由于设备的关系，助理值班员不通过车站联锁机显示器显示确认发车进路时可不确认），与司机核对路票、调度命令无误后，一并交与司机，有运转车长值乘的列车还应向运转车长转达调度命令。确认发车条件具备，指示发车或发车。

抄收接车站“列车到达”的电话记录号码，办理区间开通手续，摘下“区间占用”安全帽。

设备恢复正常后，请求并接收恢复基本闭塞法行车的调度命令。

九、区间未设通过信号机出站信号机故障

故障现象　出站信号机故障不能显示进行信号，车站联锁机显示器显示故障报警信息框或灯丝断丝报警灯红闪，同时报警语音提示。

故障现象如图 3—19 所示。

作业准备　通过车站联锁机显示器显示确认故障现象后，车站值班员向列车调度员报告，通知值班干部上岗监控，在《行车设备检查登记簿》内登记，通知电务人员现场检查，确认是电务设备故障，并在《行车设备检查登记簿》内登记，登记内容：“电务设备

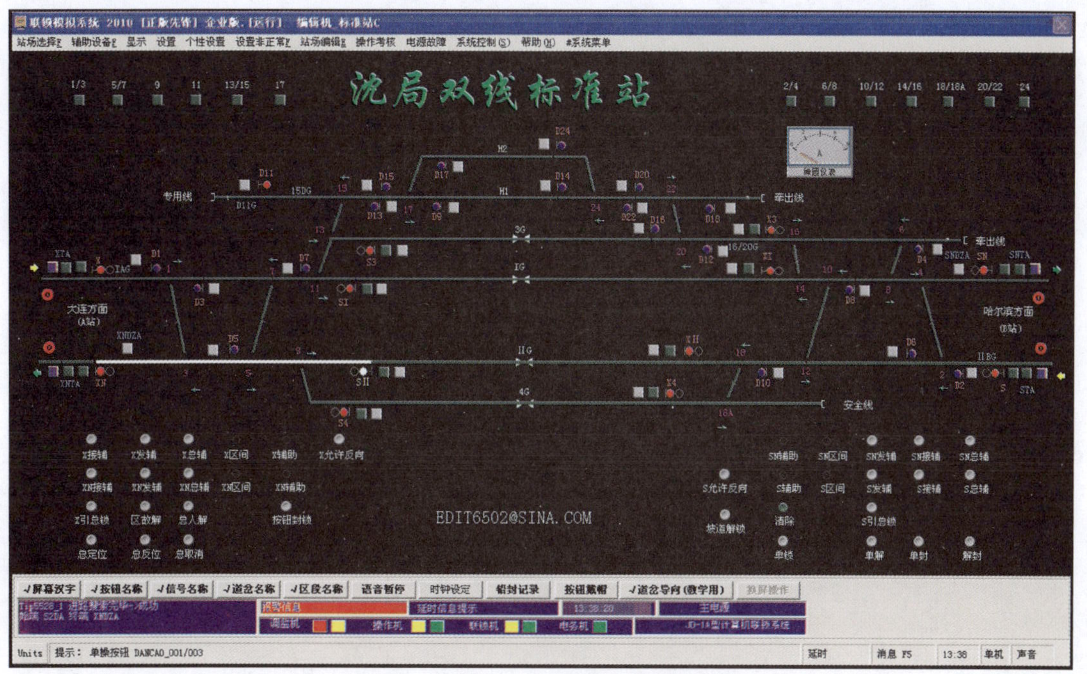

图 3－19 出站信号机故障现象

故障,暂不能修复请车务按非正常办法办理”。车站值班员再次向列车调度员报告设备情况,请求并接收停止基本闭塞法改按电话闭塞法行车的调度命令,按列车调度员的指示准备发车。

作业要点　车站值班员根据列车调度员的命令,停止基本闭塞法改用电话闭塞法行车,根据CTC或TDCS终端显示、《行车日志》及各种行车安全帽确认区间空闲,与接车站办理闭塞手续,记录接车站发出同意闭塞的电话记录号码(上行为双号,下行为单号)。双线区间正方向首列请求闭塞,除首列外根据收到的前次列车到达的电话记录办理发出预告。闭塞办理完毕后,揭挂“区间占用”安全帽。

通过车站联锁机显示器排列调车进路锁闭发车进路(调车进路不能完全锁闭整个进路时,其他未锁闭道岔单操至所需位置后并单独锁闭)或单操道岔(含防护道岔)准备进路(并单独锁闭),通过车站联锁机显示器显示,确认发车进路正确后,方可填写路票。

路票填写如表3—12所示。

助理值班员与车站值班员认真核对路票及调度命令,核对车次、区间、号码。再次通过通过车站联锁机显示器显示确认发车进路正确后(由于设备的关系助理值班员不能通过车站联锁机显示器显示确认发车进路时可不确认)，与司机核对路票、调度命令无误后，一并交与司机，有运转车长值乘的列车还应向运转车长转达调度命令。确认发车条件具备，指示发车或发车。

表 3－12

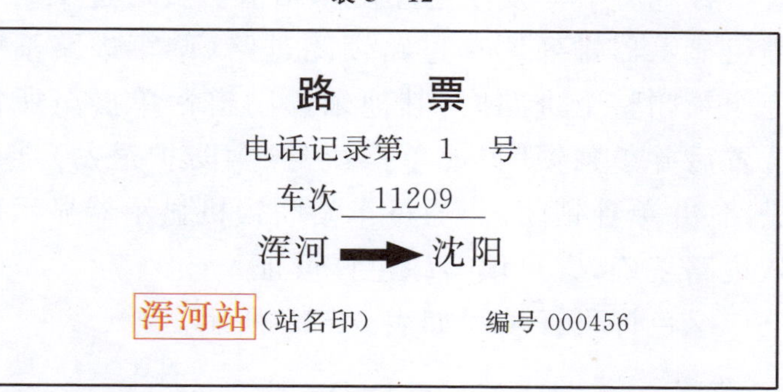
路　票

电话记录第　1　号

车次 11209

浑河 ➡ 沈阳

浑河站（站名印）　　编号 000456

注：1. 路票为预先印好区间（即站名）和编号的硬卡片；　（规格为 75 mm×88 mm）

2. 加盖㊖字戳记者，为路票副页。

抄收接车站“列车到达”的电话记录号码，办理区间开通手续，摘下“区间占用”安全帽。

设备恢复正常后，请求并接收恢复基本闭塞法行车的调度命令。

如果出站信号机故障是因为道岔故障、轨道电路故障等原因引起的，按本书前述方法确认设备故障情况，办理列车进路。

十、由未设出站信号机的线路上发车（监督器表示正常）

作业准备　通知值班干部上岗监控，按列车调度员的指示准备发车。

作业要点　发车进路由车站值班员通过车站联锁机显示器排列调车进路锁闭进路（调车进路不能完全锁闭整个进路时，其他未锁闭道岔单操至所需位置后并单独锁闭）或单操道岔（含防护道岔）准备进路（并单独锁闭）。通过车站联锁机显示器显示确认进路正确，方可填写绿色许可证。

绿色许可证填写如表 3－13 所示。

表 3－13

许　可　证　　　　第 1 号

1. 在~~出站（进路）信号机故障、~~未设出站信号机、~~列车头部越过出站（进路）信号机~~的情况下，准许第11209次列车由1线上发车。

~~2. 在出站信号机显示黄色灯光的状态下，准许第＿＿＿次列车由＿＿＿线上通过。~~

浑河站 站（站名印）车站值班员（签名）赵　禹

2010 年 1 月 1 日填发

注：1. 绿色纸，复写一式两份，司机一份，存根一份；　　（规格 90 mm×130 mm）

2. 不用的字句抹消。

助理值班员与车站值班员认真核对绿色许可证，核对正确，通过车站联锁机显示器显示再次确认发车进路正确（由于设备的关系，助理值班员不能通过车站联锁机显示器显示确认发车进路时可不确认），与司机核对绿色许可证，无误后交给司机，确认发车条件具备，指示发车或发车。

监督器不表示时，发车前确认接到前次列车到达邻站的通知或前次列车发出后不少于 10 min 的时间。同时还应填写监督器不能确认第一闭塞分区空闲通知书交司机。

十一、由非到发线上发车（监督器表示正常）

作业准备　通知值班干部上岗监控，向列车调度员请求并接收由非到发线上发车的调度命令。按列车调度员的指示准备发车。

作业要点　集中区的发车进路由车站值班员通过车站联锁机显示器排列调车进路锁闭进路（调车进路不能完全锁闭整个进路时，其他未锁闭道岔单操至所需位置后并单独锁闭）或单操道岔（含防护道岔）准备进路（并单独锁闭），通过车站联锁机显示器显示确认进路正确；非集中区的道岔由扳道人员就地操纵至所需位置并加锁（勾锁器加锁位置如图3—8(c) 所示），确认发车进路正确。车站值班员听取扳道人员进路准备好了和确认正确的两次报告后，方可填写绿色许可证。绿色许可证填写如表3—14所示。

表3—14

许　可　证　　　　第1号

1. 在~~出站（进路）信号机故障，~~未设出站信号机、~~列车头部越过出站（进路）信号机~~的情况下，准许第11209次列车由1线上发车。

~~2. 在出站信号机显示黄色灯光的状态下，准许第　　次列车由　　线上通过。~~

浑河站 站（站名印）车站值班员（签名）赵　禹

2010年1月1日填发

注：1. 绿色纸，复写一式两份，司机一份，存根一份；　　（规格90 mm×130 mm）

2. 不用的字句抹消。

助理值班员与车站值班员认真核对绿色许可证、调度命令，核对正确，再次通过车站联锁机显示器显示确认集中区发车进路正确（由于设备的关系，助理值班员不能通过车站联锁机显示器显示确认发车进路时可不确认），对非集中区道岔与扳道人员对道后，与司机核对绿色许可证、调度命令，无误后交给司机，确认发车条件具备，指示发车或发车。

车站值班员必须通过车站联锁机显示器显示和

送车的扳道员确认列车全部越过最外方道岔后，将加锁的道岔解锁。

监督器不表示时，发车前确认接到前次列车到达邻站的通知或前次列车发出后不少于 10 min 的时间。同时还应填写监督器不能确认第一闭塞分区空闲通知书交司机。

十二、列车头部越过出站信号机（监督器表示正常）

列车的头部越过出站信号机，出站信号机不能正常开放。

作业准备　通知值班干部上岗监控，列车向前移动时，车站值班员应事先排列调车进路，确保列车占用的轨道电路区段发车时进路正确。向列车调度员报告情况，按列车调度员的指示准备发车。

作业要点　超长列车头部占用的轨道电路区段，在列车占用时即将相关道岔开通向发车进路并单独锁闭。超长列车未占用的轨道电路区段，对未占用的轨道电路区段，排列调车进路锁闭进路（调车信号不能完全锁闭整个进路时，其他未锁闭道岔单操至所需位置后并单独锁闭）或单操道岔（含防护道岔）准备进路（并单独锁闭）。车站值班员通过车站联锁机显示器显示确认发车进路正确，方可填写绿色许可证。绿色许可证填写如表 3—15 所示。

表 3－15

许　可　证　　　　第1号

1. 在~~出站(进路)信号机故障，未设出站信号机，~~列车头部越过出站~~(进路)~~信号机的情况下，准许第11209次列车由1线上发车。

~~2. 在出站信号机显示黄色灯光的状态下，准许第______次列车由______线上通过。~~

泽河站 站(站名印)车站值班员(签名)赵　禹

2010年1月1日填发

注：1. 绿色纸，复写一式两份，司机一份，存根一份；　　（规格 90 mm×130 mm）

2. 不用的字句抹消。

助理值班员与车站值班员认真核对绿色许可证，核对正确，通过车站联锁机显示器显示再次确认发车进路正确(由于设备的关系，助理值班员不能通过车站联锁机显示器显示确认发车进路时可不确认)，与司机核对绿色许可证，无误后交给司机，确认发车条件具备，指示发车或发车。

监督器不表示时，发车前接到前次列车到达邻站的通知或前次列车发出后不少于 10 min 的时间。同时还应填写监督器不能确认第一闭塞分区空闲通知书交司机。

十三、设有双向闭塞设备的车站改变发车方向

1. 正常办理改变发车方向

正常办理改变发车方向是指车站联锁机显示器改变发车方向设备处于正常状态时，需改变方向的办理方法。

改变发车方向的前提：设甲站处于接车站状态，其接车方向表示灯黄灯点亮，乙站处于发车状态，其发车表示灯绿灯点亮，并且区间空闲，监督区间表示灯灭灯。

作业准备　需要改变发车方向时，通知值班干部上岗监控，向列车调度员报告，请求并接收反方向行车的调度命令，方可办理接、发车作业。

作业要点　原接车站要办理反方向发车，车站值班员根据列车调度员下达的反方向行车的调度命令，在确认列车整列到达、监督区间表示灯灭灯、区间空闲后，等待 13 s。

①设改变方向按钮时，车站值班员通过车站联锁机显示器，点击改变方向按钮，改变方向按钮点击后，闪绿灯或红灯，此时，只要办理发车进路，原接车站就可变为发车站，原发车站就变为接车站。接车站改为发车站后，其接车方向表示灯熄灭，发车方向表示灯绿灯点亮；发车站改为接车站，其发车表示灯

熄灭，接车表示灯黄灯点亮。

②设允许改变方向按钮时，车站值班员通过车站联锁机显示器，点击允许改变方向按钮后，原接车站就可变为发车站其方向表示灯，黄灯变为绿灯；原发车站就变为接车站其方向表示灯，绿灯变为黄灯。

当甲站出站信号机开放后及列车在区间运行时，两站的监督区间表示灯同时点亮红灯。列车完全驶入乙站，区间空闲后，甲站未再办理发车进路时，等待 13 s 后，监督区间表示灯灭灯。

2. 辅助办理改变发车方向

辅助办理改变发车方向是当办理改变发车方向的过程中改方设备出现故障时的一种辅助办理方式。故障现象一般有两种：

一是当监督区间电路发生故障（监督区间表示灯点亮红灯）时，辅助办理改变发车方向。

二是当设备故障（电源突然瞬间停电或改变方向电路瞬间故障），不能继续完成正常改变发车方向的工作，使两站均处于“接车”状态（即接车站的接车表示灯亮黄灯，发车站的发车表示灯也亮黄灯），通过正常办理手续无法改变发车方向，必须辅助办理。

作业准备　当设备发生故障出现两站的监督区间表示灯均显示红色灯光时或当设备因故障出现“双接”情况时，车站值班员应立即通知值班干部上岗监控，并向列车调度员报告，通知电务人员到岗并在《行车设备检查登记簿》内登记。两端站及列车调度员通过 CTC 或 TDCS 终端显示共同确认区间空闲，请求并接收列车调度员发布使用“总辅助按钮”的调度命令。

作业要点　双方站车站值班员在辅助办理前必须先确认区间空闲。此时，原接车站若要改为发车站，须经原发车站同意后，两站共同完成辅助办理手续，方可改变发车方向。

办理时先由原接车站值班员通过车站联锁机显示器，点击本咽喉的“总辅助按钮”和“发车辅助按钮”，发车辅助办理按钮表示灯闪白灯，表示本站正在进行辅助办理。

与此同时原发车站值班员通过车站联锁机显示器，点击本咽喉的“总辅助按钮”和“接车辅助按钮”，使原接车站发车辅助办理表示灯由闪光变为稳定白灯；原发车站接车辅助办理表示灯显示稳定白灯，表示原发车站也已经开始进行辅助办理。此时，辅助办理表示灯灭灯，表示本站辅助办理结束。原发车站已被改为接车站，这时接车方向表示灯显示黄灯（原发车表示灯绿灯灭灯）。

原接车站值班员要在发车方向表示灯亮绿灯后，表示本站已改为发车站，辅助办理改变发车方向已经完成，但辅助办理表示灯仍点亮白灯，表示本站尚未办理发车进路。

当排列进路列车出发越过出站信号机时，辅助办理表示灯灭灯。整个改变运行方向过程结束。

辅助办理时，发车站如果在发车方向改变 9 s 之后其监督区间表示灯仍不熄灭，此时辅助办理未成功，不能开放出站信号发车，只能停止基本闭塞法改电话闭塞法行车（如通过 CTC 或 TDCS 终端显示区间方向已恢复正常，只出站信号不能开放，可使用绿色许可证发车）。

注：1. 遇有改变方向和辅助办理时，接车站车站值班员应立即通知值班干部上岗监控，并向列车调度员报告，通知电务人员到岗并在《行车设备检查登记簿》内登记，与发车站及列车调度员共同确认区间空闲，请求并接收反方向行车的调度命令，需使用总辅助按钮进行辅助办理时，请求并接收使用“总辅助按钮”的调度命令。按上述办理过程配合发车站进行辅助办理。辅助办理成功后正常办理接车，如不成功停止基本闭塞法改电话闭塞法行车，派引导员引导接车（如通过 CTC 或 TDCS 终端显示区间方向已恢复正常，只出站信号不能开放，可使用绿色许可证发车，接车正常）。

2. 为了保证不间断地接发列车，出现故障时辅助办理只能办理一次。

十四、双线改按单线行车

作业准备　通知值班干部上岗监控，接收列车调度员发布的双线改按单线行车的调度命令。按列车调度员的指示准备接发车。

作业要点　车站值班员根据列车调度员的命令，根据闭塞表示灯、CTC 或 TDCS 终端显示确认区间空闲。

正方向接、发车时，正常开放进、出站信号机办理接、发列车。

反方向接、发车时，设有双向闭塞设备的车站，正常使用改变方向按钮（允许改变方向按钮）开放进、出站信号机办理接、发列车。

未设双向闭塞设备的车站或双向闭塞设备发生故障时，按双线半自动，双线改按单线行车方法办理。

十五、设有双向闭塞设备的双线区间反方向行车后恢复双线正方向行车

作业要点

1. 正常情况下：

①设有改变方向按钮时，对改变运行方向的线路，点击改变方向按钮，改变方向后，再办理发车。恢复正

方向行车时，发车站点击改变方向按钮，再办理发车。

②设有允许改变方向按钮时，反方向行车时，点击允许改变方向按钮，改变方向后，再办理发车。恢复正方向行车时，发车站直接排列发车进路后，即可恢复正方向行车。

2. 对按压改变方向按钮(排列发车进路)仍不能恢复正方向或出现区间遗留红光带等设备故障的情况时，按使用辅助办理的方法恢复正方向后，方可办理发车。

3. 反方向行车后，正方向发车时，车站由于行车设备施工或故障等原因需使用绿色许可证按非正常办法办理发车时，发车站亦须办理改变方向手续，使区间通过信号机恢复正常显示后，办理发车。否则区间通过信号机显示红色灯光，列车不能正常运行。

十六、一切电话中断

作业准备　故障出现后，车站值班员立即设法通知值班干部上岗监控，在《行车设备检查登记簿》内登记，派人通知通信人员现场检查。通信人员到后在《行车设备检查登记簿》内登记。

作业要点　车站值班员通告助理值班员(设信号员的包括信号员)，现在一切电话中断。在自动闭塞区间，如闭塞设备作用良好时，列车运行仍按自动闭塞法行车，列车在站可不停车，使用列车无线调度通信设备直接联系，说明车次及注意事项等，如列车无线调度通信设备故障时，列车必须在站停车联系上述事项。

自动闭塞设备作用不良时，双线区间按时间间隔法行车，列车进入区间的行车凭证为红色许可证。只准发出正方向的列车，连续发出同一方向的列车时，两列车的间隔时间，应按区间规定的运行时间另加 3 min，但不得少于 13 min。在发车进路准备妥当后，车站值班员方可填写红色许可证，与助理值班员核对正确。红色许可证填写如表 3—16 所示。

表 3—16

许　可　证　　　　第 1 号

现一切电话中断，准许第 11209 次列车自 浑河 站至 沈阳 站，本列车前于 10 时 30 分发出的第11207 次列车，邻站到达通知 已（~~未~~）收到。

通　知　书

~~1. 第　　　　次列车到达你站后，准接你站发出的列车。~~

2. 于10 时50 分发出第11209 次列车，并于11 时10 分再发出第 11211 次列车。

浑河站（站名印）车站值班员（签名）赵　禹

2010 年 1 月 1 日填发

注：1. 红色纸，复写一式三份，司机、运转车长各一份，存根一份；　　（规格 90 mm×130 mm）

2. 不用的字句抹消。

助理值班员与车站值班员认真核对红色许可证，核对正确，通过车站联锁机显示器显示再次确认发车进路正确（由于设备的关系，助理值班员不能通过车站联锁机显示器显示确认发车进路时可不确认），与司机核对红色许可证，无误后交给司机，确认发车条件具备，指示发车或发车。

自动闭塞设备作用不良时，单线区间按书面联络法行车。

十七、区间一架通过信号机故障（站间区间仅设一架通过信号机的除外）

作业准备　自动闭塞区间通过信号机显示停车信号（包括显示不明或灯光熄灭）时，列车必须在该信号机前停车，司机应使用列车无线调度通信设备通知运转车长（无运转车长为车辆乘务员），通知不到时，鸣笛一长声。停车等候 2 min，该信号机仍未显示进行的信号时，即以遇到阻碍能随时停车的速度继续运行，最高不超过 20 km/h，运行到次一通过信号机，按其显示的要求运行。在停车等候同时，与车站值班员、列车调度员、前行列车司机联系，如确认前方闭塞分区内有列车时，不得进入。

作业要点　前方闭塞分区内有无列车确认方式为：

1. 通过 CTC 或 TDCS 设备确认列车(车次)占用情况,由司机与车站值班员联系,车站值班员确认。

2. 列车调度员直接控制和指挥列车运行的区段,由司机与列车调度员联系,列车调度员确认。

3. 监督设备故障时,由司机与车站值班员联系确认列车车次后,再与前行列车司机联系确认。

4. 上述联系方式均使用列车无线调度通信设备,并采取“就近就快”的原则;司机连续呼叫两端车站值班员、列车调度员、前行列车司机 2 min 无人应答,即为“列车无线调度电话联系不上”。

5. 监督设备发生故障,且列车无线调度通信设备联系不上时,由机车乘务员目视确认。

车机联控用语:

1. 自动闭塞区间遇通过信号机故障,确认前方闭塞分区内有无列车占用的联系用语

(1)续行列车与前行列车司机的联系用语

续行列车司机:“前行××(次),我是××(次),现在××(公里)加××(米)停车,××(号)通过信号机显示红灯(显示不明或灯光熄灭),请回答你的位置。”

前行列车司机:“××(次),××(次)已通过××(号)信号机,现运行(停车)××(公里)加××

（米）处。"

续行列车司机："××（次）已通过××（号）信号机，现运行（停车）××（公里）加××（米）处，续行列车司机明白。"

（2）司机与车站值班员的联系用语

本务司机："××站，我是××（次），现在××（公里）加××（米）停车，××（号）通过信号机显示红灯（显示不明或灯光熄灭），请确认前方闭塞分区（占用情况）。"

车站值班员："××（次），前方闭塞分区××（次）占用（前方闭塞分区空闲）。"

本务司机："××（次），前方闭塞分区××（次）占用（前方闭塞分区空闲），司机明白。"

（3）司机与列车调度员的联系用语

本务司机："××台调度员，我是××（次），现在××（公里）加××（米）停车，××（号）通过信号机显示红灯（显示不明或灯光熄灭），请确认前方闭塞分区（占用情况）。"

列车调度员："××（次），前方闭塞分区××（次）占用（前方闭塞分区空闲）。"

本务司机："××（次），前方闭塞分区××（次）占用（前方闭塞分区空闲），司机明白。"

2. 停车列车联系用语

停车列车司机:"××(前方站)、××(后方站)、追踪列车××(次)在××公里××米(处)因区间××架信号机着红灯(灯光熄灭或显示不明)被迫停车,追踪列车注意运行。"

两端站车站值班员:"××(次)在××公里××米(处)因区间××架信号机着红灯(灯光熄灭或显示不明)被迫停车,××(站)明白。"

追踪列车司机:"××(次)在××公里××米(处)因区间××架信号机着红灯(灯光熄灭或显示不明)被迫停车,××(次)司机明白。"

车站值班员在接到列车报告后,要立即通报追踪列车。

车站值班员:"××次追踪列车,××(次)在××公里××米(处)因区间××架信号机着红灯(灯光熄灭或显示不明)被迫停车,注意运行。"

追踪列车司机:"××(次)在××公里××米(处)因区间××架信号机着红灯(灯光熄灭或显示不明)被迫停车,××次司机明白。"

注:1. 括号内字可不读或选读;

2. 待确认续行列车运行前方的第一个闭塞分区(前行列车)出清时,车站值班员(列车调度员、前行列车司机)应主动通知续行列车司机。

十八、自动闭塞列车在区间停车被迫分部运行

分部运行条件:在不得已情况下,列车必须分部运行时,司机应使用列车无线调度通信设备报告前方站和列车调度员,并做好遗留车辆的防溜和防护工作。下列情况列车不准分部运行:

(1)采取措施后可整列运行时;

(2)对遗留车辆未采取防护、防溜措施时;

(3)遗留车辆无人看守时;

(4)列车无线调度通信设备故障时。

作业准备　车站值班员接到列车必须分部运行的报告后向列车调度员报告,同时立即通知发车站禁止再向区间放行列车,对已进入区间的列车使用列车无线调度通信设备告知前方遗留车辆位置注意运行。通知值班干部上岗监控,通知有关人员做好准备,按列车调度员的指示准备接车。

作业要点　车站值班员通过车站联锁机显示器显示确认接车线路空闲并得到接车线路空闲的报告后,开放进站信号接车。司机在记明遗留车辆辆数,并做好遗留车辆的防溜和防护工作后,方可牵引前部车辆运行至前方站。在运行中仍按信号机的显示运行。待列车进站后,接车人员认真核对辆数,按列车调度员的指示迅速组织机车及有关人员,将遗留车辆迅速拉回车站。

第四章　半自动闭塞非正常情况下的接发列车作业程序及办法预案

第一节　接　　车

一、进站（接车进路，下同）信号机故障

1. 进站信号机灯泡灯丝“断单丝”时的接车

故障现象　车站联锁机显示器显示故障报警信息框或灯丝断丝报警灯红闪，同时报警语音提示。

故障现象如图 4—1 所示。

作业要点　通过车站联锁机显示器显示确认上述故障现象时，不影响正常接车，进站信号机能够开放，应点击语音暂停框，切断灯丝断丝报警语音提示，同时通知电务人员及时处理。

2. 进站信号机允许灯光灯泡“断双丝”，但可以开放引导信号时的接车

故障现象　当进站信号机允许灯泡灯光灯丝“断双丝”时，进站信号机绿黄灯光不能点亮，绿、黄、双黄色信号不能开放，进站信号机自动点红灯，车站联锁机显示器显示故障报警信息框或灯丝断丝报警灯红闪，同时报警语音提示。

故障现象如图 4—2 所示。

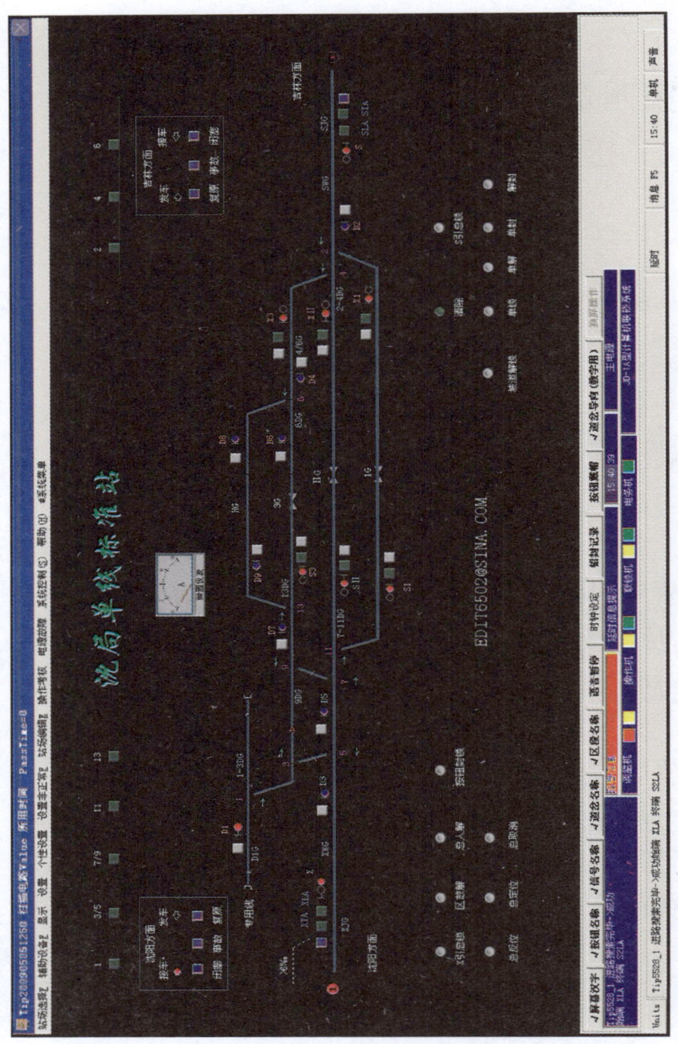

图 4－1 进站信号机断丝报警的故障现象

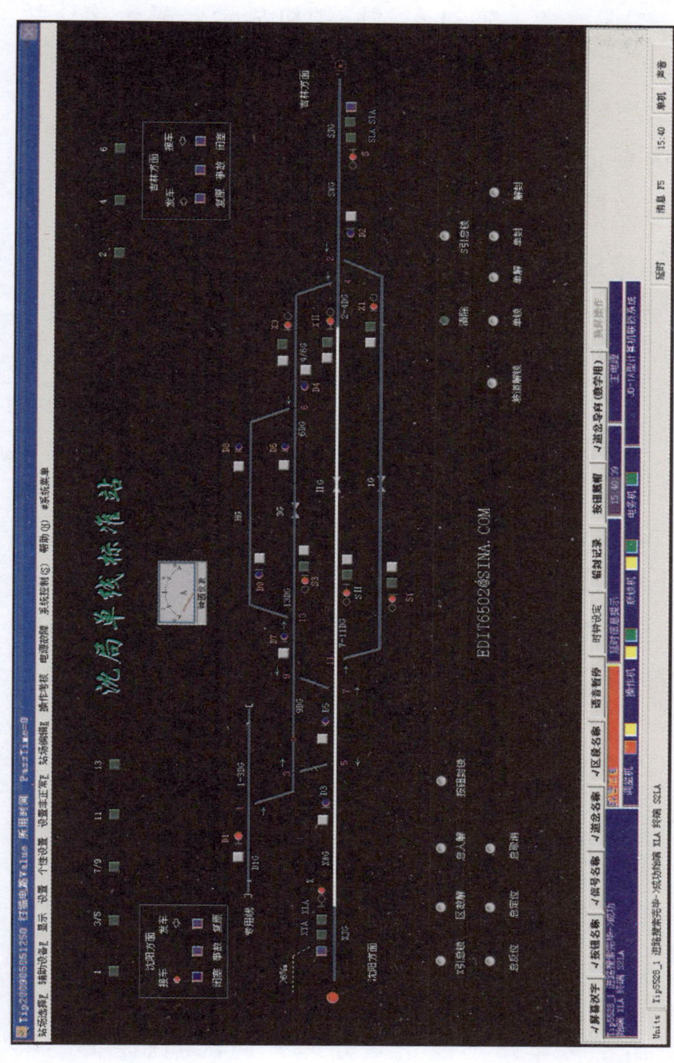

图 4－2 进站信号机允许灯光灯泡"断双丝"的故障现象

作业准备　通过车站联锁机显示器显示确认故障现象后，车站值班员应首先报告列车调度员，并通知车站值班干部上岗监控。在《行车设备检查登记簿》内登记，登记内容：发生故障的日期、时间、设备名称、故障现象，并通知电务人员现场检查维修。如电务人员登记“设备故障，暂不能修复，请车务按非正常办法办理”后，车站值班员应再次向列车调度员报告设备情况，请求并接收引导接车的调度命令，按列车调度员的指示准备接车。

作业要点　通过车站联锁机显示器显示确认接车线路空闲或得到接车线路空闲的报告后，单操进路上的道岔（含防护道岔）准备进路或排列列车、调车进路（排列进路后取消），通过车站联锁机显示器显示确认进路正确后，方可点击引导信号按钮（引导信号具有选择进路功能的按操作说明需点击进路始终端按钮），开放引导信号接车。

车站值班员须将引导接车调度命令的号码及内容向司机（运转车长）转达。

车站值班员确认列车全部进入接车线后，同时点击本咽喉的总人工解锁按钮和该进站信号机的进路始端按钮，使引导进路上的白光带熄灭，进路解锁。

由于接车站不能正常办理开通区间（设备能够

办理复原的除外），须经双方车站共同确认区间空闲，根据列车调度员发布的调度命令，登记破封使用事故按钮开通区间。

3.进站信号机红灯熄灭（车站联锁机显示器显示进站信号复示器闪红灯）不能开放引导信号时的接车

故障现象　进站信号机红灯熄灭，车站联锁机显示器显示进站信号复示器闪红灯，导致进站信号机不能显示进行信号和引导信号。车站联锁机显示器显示故障报警信息框或灯丝断丝报警灯红闪，同时报警语音提示。

故障现象如图4—3所示。

作业准备　通过车站联锁机显示器显示确认故障现象后，车站值班员应首先报告列车调度员，通知值班干部上岗监控，在《行车设备检查登记簿》内登记。登记内容：发生故障的日期、时间、设备名称、故障现象，并通知电务人员现场维修。如电务登记“设备故障，暂不能修复，请车务按非正常办法办理”后，车站值班员应再次向列车调度员报告，请求并接收引导接车的调度命令，按列车调度员的指示准备接车。

作业要点　通过车站联锁机显示器显示确认接车线路空闲或得到接车线路空闲的报告后，排列调

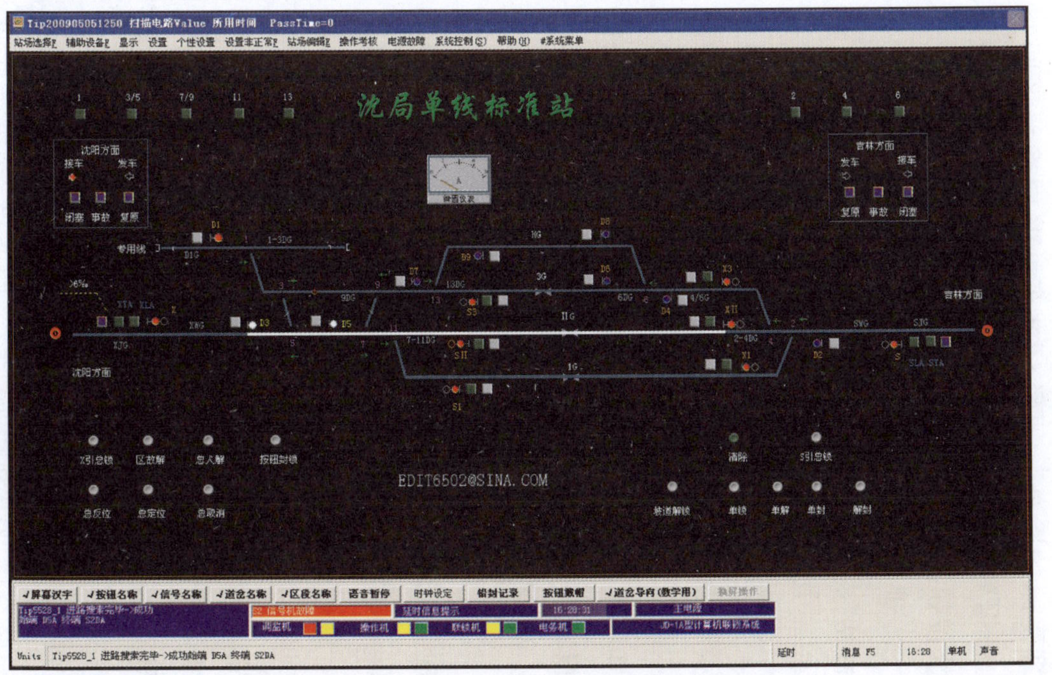

图 4－3　进站信号机红灯熄灭的故障现象

车进路锁闭进路(调车进路不能完全锁闭整个进路时,其他未锁闭道岔单操至所需位置后并单独锁闭)或单操进路上的道岔(含防护道岔)准备进路(并单独锁闭),通过车站联锁机显示器显示确认进路正确后,派引导员引导接车。

车站值班员须将引导接车调度命令的号码及内容向司机(运转车长)转达。

车站值班员确认列车全部到达进入接车线后,将进路上的单独锁闭道岔解锁。

由于接车站不能正常办理开通区间,须经双方车站共同确认区间空闲,根据列车调度员发布的调度命令,登记破封使用事故按钮开通区间。

夜间在确认进站信号机红灯熄灭后应立即取出行车备品箱内的防护信号灯指派胜任人员到故障的进站信号机处,在信号机柱距钢轨顶面不低于 2 m 处加挂信号灯,向区间方面显示红色灯光。

二、闭塞设备故障

故障现象　车站联锁机显示器显示闭塞表示灯熄灭。

故障现象如图 4—4 所示。

作业准备　通过车站联锁机显示器显示确认故障现象后,车站值班员向列车调度员报告,通知值班

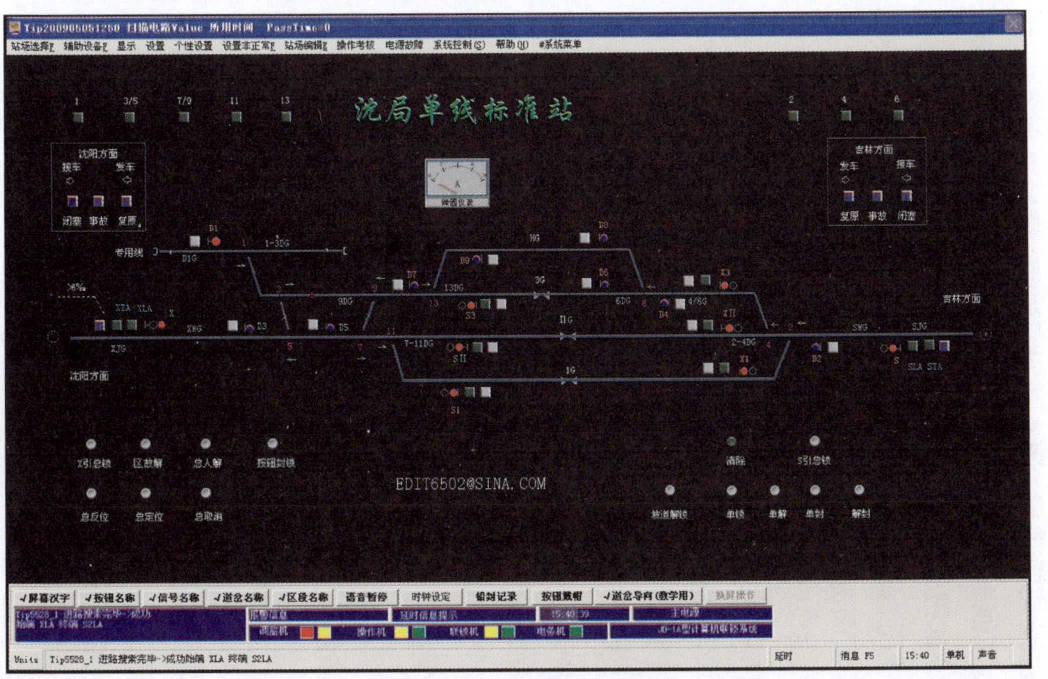

图 4－4　闭塞设备故障现象

干部并上岗监控，在《行车设备检查登记簿》内登记，通知电务及通信人员现场检查维修，电务或通信登记："设备故障，暂不能修复，请车务按非正常办法办理"。车站值班员再次向列车调度员报告闭塞设备故障情况后，请求并接收停止基本闭塞法改按电话闭塞法行车的调度命令，按列车调度员的指示准备接车。

作业要点　车站值班员根据列车调度员的命令，停止基本闭塞法改按电话闭塞法行车。根据CTC或TDCS终端显示、《行车日志》、各种安全帽及有关人员的报告确认区间空闲，与发车站办理闭塞手续，向发车站发出同意闭塞的电话记录号码，上行为双号，下行为单号(双线区间正方向首列请求闭塞)，后续列车根据前次列车到达电话记录发出预告。闭塞办理妥当后，揭挂"区间占用"安全帽。

车站值班员通过车站联锁机显示器显示确认接车线路空闲，开放进站信号接车。列车接近，车站值班员指示助理值班员到规定地点接车。

助理值班员到规定地点接车，监视列车进站，收回占用区间凭证，列车停妥后返回。将收回的路票交车站值班员。

车站值班员接收到达的路票，按规定处理

向发车站发出列车到达的电话记录号码，办理区间开通手续，摘下“区间占用”安全帽。

闭塞设备恢复正常后，请求并接收恢复基本闭塞法行车的调度命令。

三、轨道电路故障

1. 接车线(含咽喉区无岔区段)轨道电路故障，车站联锁机显示器显示轨道电路红光带，进站信号机不能开放时的接车

故障现象　接车线无机车车辆占用而车站联锁机显示器显示接车线轨道电路红光带，导致进站信号机不能正常开放。车站联锁机显示器显示故障报警信息框红闪，同时报警语音提示。

故障现象如图 4—5 所示。

作业准备　通过车站联锁机显示器显示确认故障现象后，车站值班员应立即指派胜任人员检查接车线路，得到无异状及线路空闲的报告后，向列车调度员报告，通知值班干部上岗监控，在《行车设备检查登记簿》内登记。通知工务、电务人员现场检查，车站值班员必须得到工务人员线路(设备)正常的报告，并在《行车设备检查登记簿》内销记；电务人员确认是轨道电路故障并在《行车设备检查登记簿》内登记。登记内容：“轨道电路故障，暂时不能修复，请车务按非正常办理”，车站值班员再次向列车调度员报告

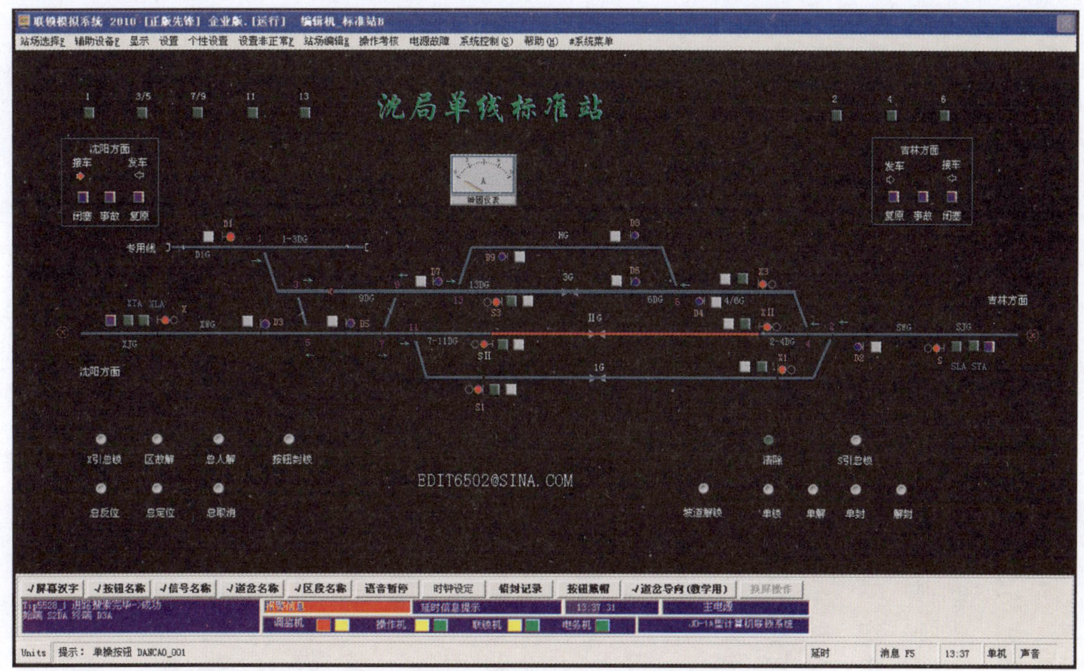

图 4—5　车站联锁机显示器显示接车线轨道电路故障

设备情况后，请求并接收引导接车的调度命令，按列车调度员的指示准备接车。

作业要点　通过车站联锁机显示器单操进路上的道岔（含防护道岔）准备接车进路或排列列车、调车进路（排列后取消），通过车站联锁机显示器显示确认进路正确后，方可点击引导信号按钮（引导信号具有选择进路功能的按操作说明需点击进路始终端按钮），开放引导信号接车。

车站值班员须将引导接车调度命令的号码及内容向司机（运转车长）转达。

车站值班员确认列车全部进入接车线后，同时点击本咽喉的总人工解锁按钮和该进站信号机的进路始端按钮，使引导进路上的白光带熄灭，进路解锁。

由于接车站不能正常办理开通区间，须经双方车站共同确认区间空闲，根据列车调度员发布的调度命令，登记破封使用事故按钮开通区间。

2. 进站信号机内方第一轨道电路区段故障，车站联锁机显示器显示轨道电路红光带，进站信号机不能开放时的接车

故障现象　进站信号机内方第一轨道电路区段无机车车辆占用，车站联锁机显示器显示轨道电路红光带，导致进站信号机不能开放。车站联锁机显

示器显示故障报警信息框红闪，同时报警语音提示。

故障现象如图 4—6 所示。

作业准备　通过车站联锁机显示器确认故障现象后，车站值班员应立即指派胜任人员检查故障区段，得到无异状及线路空闲的报告后；向列车调度员报告，通知值班干部上岗监控，在《行车设备检查登记簿》内登记。通知工务、电务人员现场检查，车站值班员必须得到工务人员线路（设备）正常的报告，并在《行车设备检查登记簿》内销记；电务人员确认是轨道电路故障并在《行车设备检查登记簿》内登记，登记内容："轨道电路故障，暂时不能修复，请车务按非正常办法办理"。车站值班员再次向列车调度员报告设备情况后，请求并接收引导接车的调度命令，按列车调度员的指示准备接车。

作业要点　通过车站联锁机显示器单操进路上的道岔（含防护道岔）准备接车进路或排列调车进路（排列后取消），通过车站联锁机显示器显示确认进路正确后，方可点击引导信号按钮（引导信号具有选择进路功能的按操作说明需点击进路始终端按钮），点击引导信号按钮时，要连续点击（最大间隔不能大于 13 s），否则引导信号会关闭。当确认列车头部越过进站信号机后方可停止点击引导信号按钮。

车站值班员须将引导接车调度命令的号码及内

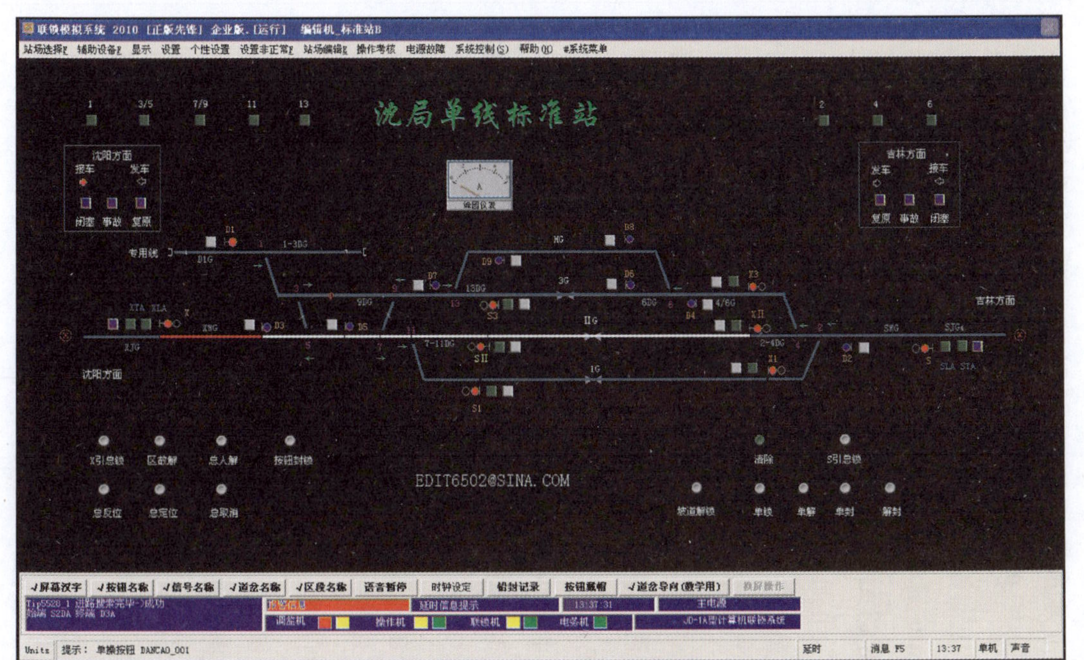

图 4－6 车站联锁机显示器显示进站信号机内方第一轨道电路区段故障

容向司机(运转车长)转达。

车站值班员确认列车全部进入接车线后,同时点击本咽喉的总人工解锁按钮和该进站信号机的进路始端按钮,使引导进路上的白光带熄灭,进路解锁。

由于接车站不能正常办理开通区间,须经双方车站共同确认区间空闲,根据列车调度员发布的调度命令,登记破封使用事故按钮开通区间。

3.接车进路上的道岔区段轨道电路故障车站联锁机显示器显示红光带,进站信号机不能开放时的接车

接车进路上的某一道岔区段轨道电路故障,导致进站信号机不能开放分为两种情况:一种是接车进路中某一道岔区段轨道电路故障,但故障区段中的道岔位置正确不需扳动;另一种是接车进路中某一道岔区段轨道电路故障,但故障区段中的道岔位置不正确需要扳动。

(1)故障现象　接车进路上的某一道岔区段无机车车辆占用车站联锁机显示器显示红光带,导致进站信号机不能正常开放。而该道岔区段内有一组或几组道岔,但该区段内所有的道岔均处在所需位置不需扳动且车站联锁机显示器显示道岔位置正确表示正常。车站联锁机显示器显示故障报警信息框

红闪，同时报警语音提示。

故障现象如图 4—7 所示。

作业准备　通过车站联锁机显示器确认故障现象后，车站值班员应立即指派胜任人员检查该故障道岔区段，得到无异状及线路空闲的报告后，向列车调度员报告，通知值班干部上岗监控，在《行车设备检查登记簿》内登记。通知工务、电务人员现场检查，车站值班员必须得到工务人员线路（设备）正常的报告，并在《行车设备检查登记簿》内销记；电务人员确认是轨道电路故障并在《行车设备检查登记簿》内登记，登记内容："轨道电路故障，暂不能修复，请车务按非正常办法办理"。车站值班员再次向列车调度员报告设备情况后，请求并接收引导接车的调度命令，按列车调度员的指示准备接车。

作业要点　车站值班员通过车站联锁机显示器确认进路上的道岔位置。并通过车站联锁机显示器将接车进路上的无故障区段内的道岔（含防护道岔）单操至所需位置（也可采用分段排列调车进路方式准备进路，确认正确后取消）。通过车站联锁机显示器显示确认无故障区段内道岔位置开通正确；对故障区段内的道岔确认位置正确不需扳动并单独锁闭，再次确认进路正确后，方可点击引导信号按钮（引导信号具有选择进路功能的按操作说明需点击

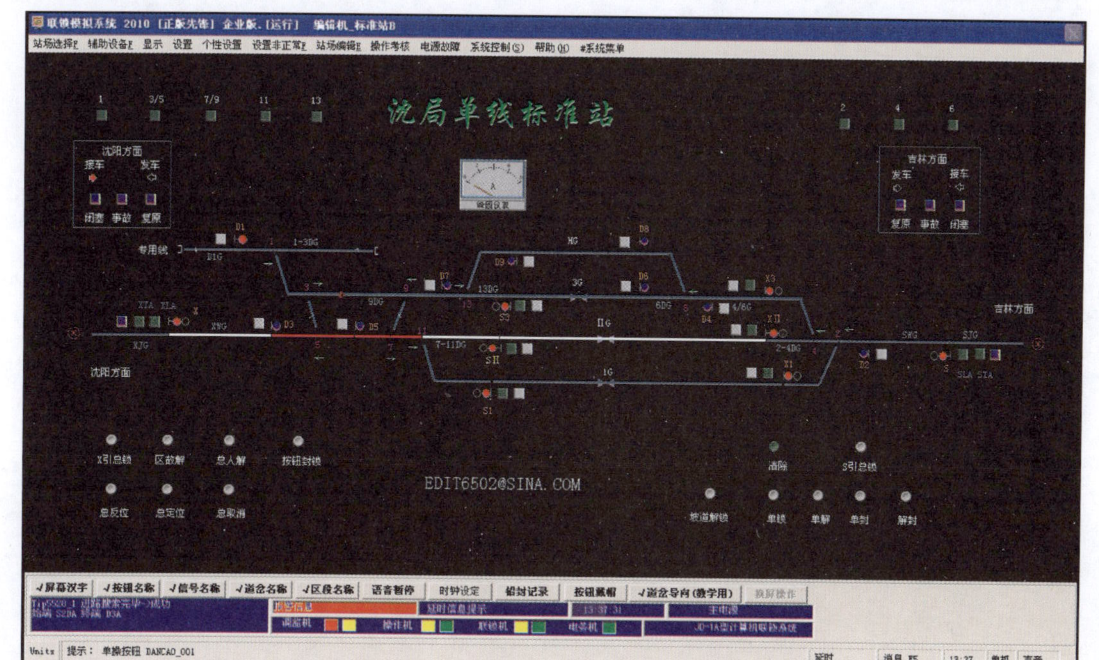

图 4－7 车站联锁机显示器显示接车进路上的某一道岔区段轨道电路故障

进路始终端按钮），开放引导信号接车。

车站值班员须将引导接车调度命令的号码及内容向司机（运转车长）转达。

车站值班员确认列车全部进入接车线后，同时点击本咽喉的总人工解锁按钮和该进站信号机的进路始端按钮，使引导进路上的白光带熄灭，进路解锁。并将进路上单独锁闭的道岔解锁。

由于接车站不能正常办理开通区间，须经双方车站共同确认区间空闲，根据列车调度员发布的调度命令，登记破封使用事故按钮开通区间。

（2）故障现象　接车进路上的某一道岔区段无机车车辆占用车站联锁机显示器显示红光带，导致进站信号机不能正常开放，而该道岔区段内有一组或几组道岔，个别道岔位置未在所需位置需要扳动。车站联锁机显示器显示故障报警信息框红闪，同时报警语音提示。

故障现象如图 4—8 所示。

作业准备　通过车站联锁机显示器确认故障现象后，车站值班员应立即指派胜任人员检查该故障道岔区段，得到无异状及线路空闲的报告后，向列车调度员报告，通知值班干部上岗监控，在《行车设备检查登记簿》内登记。通知工务、电务人员现场检查，车站值班员必须得到工务人员线路（设备）正常

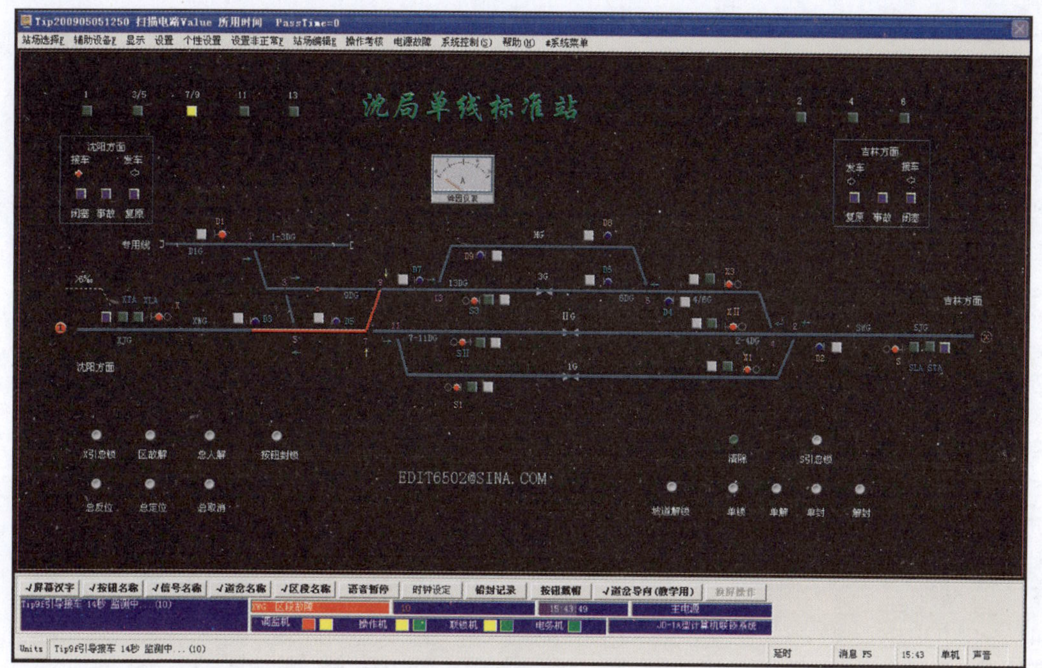

图 4－8　车站联锁机显示器显示接车进路上的某一道岔区段轨道电路故障

的报告,并在《行车设备检查登记簿》内销记;电务人员确认是轨道电路故障并在《行车设备检查登记簿》内登记,登记内容:“轨道电路故障,暂不能修复,请车务按非正常办法办理”。车站值班员再次向列车调度员报告设备情况后,请求并接收引导接车的调度命令,按列车调度员的指示准备接车。

作业要点　车站值班员通过车站联锁机显示器显示确认进路上的道岔位置。并通过车站联锁机显示器将接车进路上无故障区段内的道岔单操至所需位置(也可采用分段排列调车进路的方式准备部分进路,确认正确后取消),通过车站联锁机显示器显示确认无故障区段内道岔位置开通正确;对故障区段内的道岔位置不正确需扳动的,应登记、开锁、破封取出道岔手摇把,指派胜任人员到现场,将故障区段道岔摇向所需位置(故障区段的道岔扳动后道岔就失去表示),检查确认尖轨与基本轨密贴良好并按规定加锁,分动外锁闭道岔还要确认心轨和斥离尖轨位置,在确认道岔位置正确后,无论对向还是顺向,使用专用勾锁器对密贴尖轨、斥离尖轨、可动心轨进行加锁固定,准备进路时必须执行双人确认或一人两次确认制度。

加锁方法及位置如图 4—9、图 4—10、图 4—11 所示。

图4—9 普通道岔加锁示意图

图4—10 提速分动外锁闭道岔密贴尖轨、斥离尖轨加锁示意图

图 4－11　可动心轨道岔加锁示意图

车站值班员必须得到扳道人员进路准备好了和进路确认正确的报告后，方可点击本咽喉的引导总锁闭按钮和引导信号按钮，开放引导信号接车。此时该咽喉区不能办理其他任何进路。

车站值班员须将引导接车调度命令的号码及内容向司机（运转车长）转达。

车站值班员必须得到接车的扳道人员列车全部进入接车线的报告后，方可点击本咽喉的引导总锁闭按钮，使全咽喉的道岔解锁。

列车到达后，接车站不能正常办理开通区间，须经双方车站共同确认区间空闲，根据列车调度员发布的命令登记破封使用事故按钮开通区间。

扳道人员将加锁的道岔解锁恢复定位，连续作业时，按车站值班员的指示办理。

四、接车进路上的道岔失去表示

故障现象　车站联锁机显示器显示接车进路上的道岔，失去定、反位表示（定位或反位表示全部熄灭），导致进站信号机不能开放，失去表示同时车站联锁机显示器显示故障报警信息框或挤岔报警灯红闪，同时报警语音提示。

故障现象如图 4—12 所示。

作业准备　通过车站联锁机显示器显示确认故障现象后，车站值班员应立即指派胜任人员检查故障道岔，得到无异状及线路空闲的报告后，向列车调度员报告，通知值班干部上岗监控，在《行车设备检查登记簿》内登记，通知工务、电务人员现场检查。车站值班员必须得到工务人员线路（设备）正常的报告，并在《行车设备检查登记簿》内销记；电务人员确认是电务设备故障，并在《行车设备检查登记簿》内登记，登记内容："电务设备故障，暂时不能修复，请车务按非正常办法办理（分动外锁闭道岔失去锁闭功能时要写明）"。车站值班员再次向列车调度员报告设备情况后，请求并接收引导接车的调度命令，按列车调度员的指示准备接车。

作业要点　车站值班员通过车站联锁机显示器确认进路上的道岔位置，在室内通过车站联锁机显

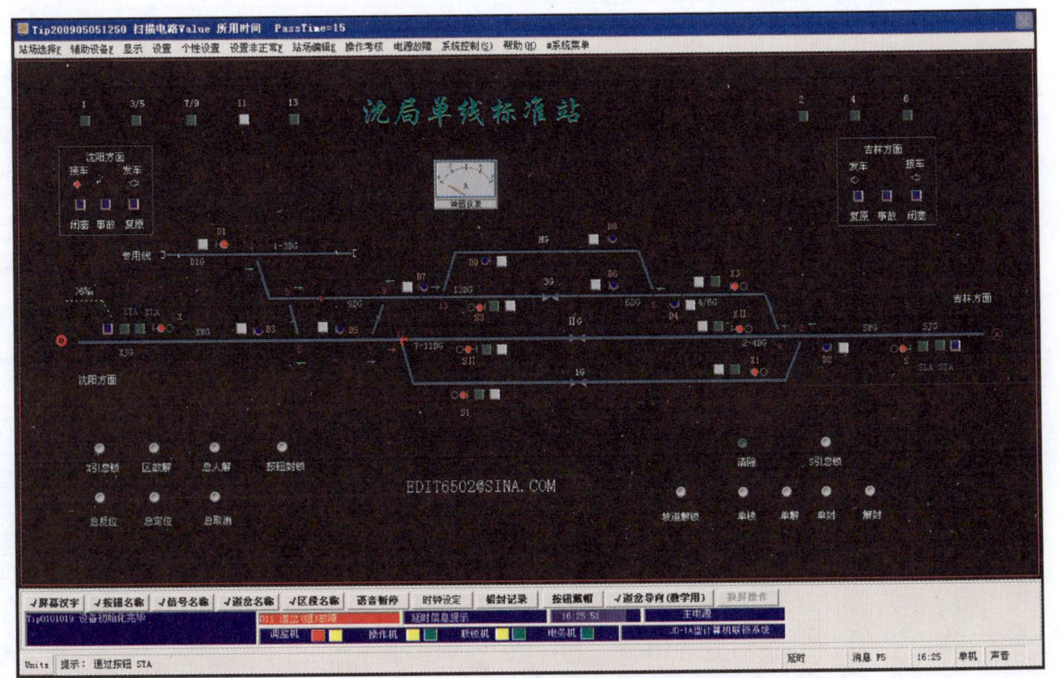

图 4－12　车站联锁机显示器显示道岔失去定、反位表示及挤岔报警

示器将接车进路上的无故障道岔单操至所需位置，通过车站联锁机显示器显示确认无故障道岔位置开通正确，也可以采用排列调车进路的方式准备部分进路，确认正确后取消。同时登记、开锁、破封取出道岔手摇把，指派胜任人员到现场将故障道岔摇向所需位置，检查尖轨与基本轨密贴良好并按规定加锁，分动外锁闭道岔还要确认心轨和斥离尖轨位置，在确认道岔位置正确后，不论对向还是顺向，使用专用勾锁器对密贴尖轨、斥离尖轨、可动心轨进行加锁固定(准备进路时必须执行双人确认或一人两次确认制度)。加锁方法及位置如图 4－9、图 4－10、图 4－11 所示。

车站值班员必须得到扳道人员进路准备好了和确认进路正确的报告后，方可点击引导总锁闭按钮和引导信号按钮，开放引导信号接车。此时该咽喉区不能办理其他任何进路。

车站值班员须将引导接车调度命令的号码及内容向司机(运转车长)转达。

车站值班员必须得到扳道人员列车全部进入接车线的报告后，方可点击本咽喉的引导总锁闭按钮，使全咽喉的道岔解锁。

列车到达后，接车站不能正常开通区间，须经双方车站共同确认区间空闲，根据列车调度员发布的命令登记破封使用事故按钮开通区间。

扳道人员将加锁的道岔解锁恢复定位，连续作业时，按车站值班员的指示办理。

五、车站停电

故障现象　车站信号电源停电后，信联闭设备全部失效，车站联锁机显示器上无任何表示。

故障现象如图 4—13 所示。

作业准备　通过车站联锁机显示器显示确认故障现象后，车站值班员向列车调度员报告，通知值班干部上岗监控。在《行车设备检查登记簿》内登记，通知电务、供电人员现场检查。车站值班员必须得到电务人员确认是设备故障或临时停电，并在《行车设备检查登记簿》内登记，登记内容："站内临时停电，暂不能恢复，请车务按非正常办法办理"。车站值班员再次向列车调度员报告设备情况后，请求并接收引导接车的调度命令，按列车调度员的指示准备接车。

作业要点　车站值班员先确定接车线路，登记、开锁、破封，取出手摇把。指示助理值班员和两端扳道人员现场检查接车线路空闲。车站值班员必须得到线路空闲的报告后，指示扳道人员准备接车进路，扳道人员应正确及时的准备进路，将进路上的道岔

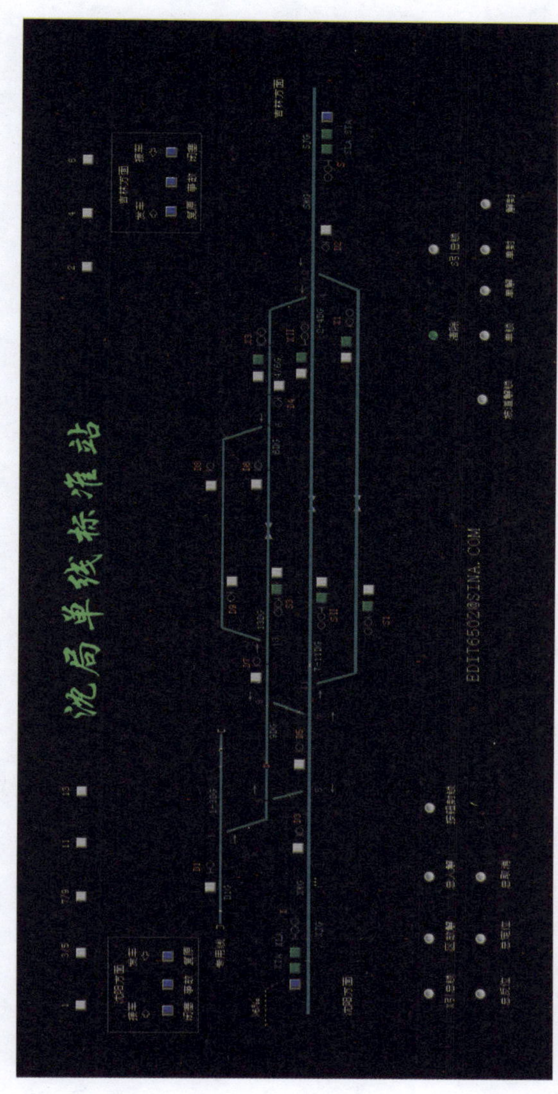

图 4—13 停电后车站联锁机显示器主副电源表示灯熄灭无任何显示，进、出站信号机灭灯

摇向所需位置，检查尖轨与基本轨密贴良好，并将进路上的有关对向道岔及邻线上的防护道岔开通防护位置加锁，分动外锁闭道岔还要确认心轨和斥离尖轨位置，在确认道岔位置正确后，不论对向还是顺向，使用专用勾锁器对密贴尖轨、斥离尖轨、可动心轨进行加锁固定。加锁方法及位置如图 4—9、图 4—10、图 4—11 所示。车站值班员接到扳道人员进路准备好了的报告后，指示引导员（设进路检查人员时为进路检查人员）再次确认接车进路正确，在得到引导员进路确认正确的报告后，方可派引导员到引导地点显示引导手信号接车。

车站值班员须将引导接车调度命令的号码及内容向司机（运转车长）转达。

列车全部进入接车线后，扳道人员将加锁的道岔解锁恢复定位，连续作业时，按车站值班员的指示办理。

夜间应立即取出行车备品箱内的防护信号灯，指派胜任人员到该站所有进站信号机处，在信号机柱距钢轨顶面不低于 2 m 处加挂信号灯，向区间方面显示红色灯光。

恢复供电后与邻站共同确认区间空闲，根据列车调度员发布的命令登记破封使用故障按钮办理闭塞机复原。

六、双线改按单线行车的接车(含双向闭塞设备发生故障)

作业准备　通知值班干部上岗监控，接收列车调度员发布的双线改按单线行车、停止基本闭塞法改按电话闭塞法行车的调度命令。

作业要点　车站值班员根据列车调度员的命令，停止基本闭塞法改按电话闭塞法行车。根据闭塞表示灯、CTC 或 TDCS 终端显示、《行车日志》及各种安全帽确认区间空闲，与发车站办理闭塞手续，发出同意闭塞的电话记录号码，上行为双号，下行为单号。闭塞办理妥当后，揭挂“区间占用”安全帽。

正方向接车时，可以开放进站信号机办理接车。

反方向接车时，未设双向闭塞设备的车站(含双向闭塞设备发生故障)，通过车站联锁机显示器，排列调车进路锁闭进路(调车进路不能完全锁闭整个进路时，其他未锁闭道岔单操至所需位置后并单独锁闭)或单操道岔(含防护道岔)准备进路，并单独锁闭。通过车站联锁机显示器显示确认进路正确。指示引导员到《站细》规定地点，显示引导手信号接车，引导接车的调度命令可连同前发停止基本闭塞法的命令下达。

通知助理值班员到《站细》规定地点接车，按规定交接占用区间凭证。

列车到达后，车站值班员收回占用区间凭证，向发车站发出“列车到达”的电话记录号码，办理区间开通手续，摘下“区间占用”安全帽。

七、一切电话中断

作业准备　故障出现后，车站值班员立即设法通知值班干部上岗监控，在《行车设备检查登记簿》内登记，派人通知通信人员现场检查。通信人员到后在《行车设备检查登记簿》内登记。

作业要点　车站值班员通告助理值班员（设信号员的包括信号员），现在一切电话中断。本站为非优先发车站（或已承认优先发车站××次闭塞），通过车站联锁机显示器显示开放进站信号接车，车站值班员确认信号显示正确后，指示助理值班员接车并接收凭证。

第二节　发　　车

一、出站（发车进路，下同）信号机故障不能开放

故障现象　出站信号机故障不能显示进行信号，车站联锁机显示器显示故障报警信息框或灯丝断丝报警灯红闪，同时报警语音提示。

故障现象如图 4—14 所示。

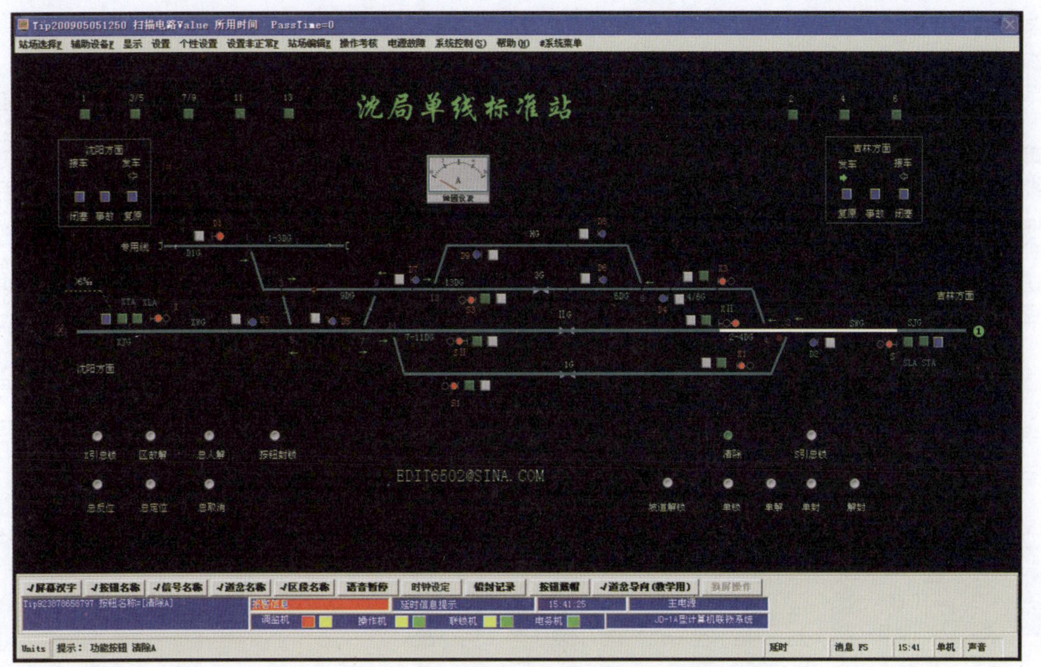

图 4－14 车站联锁机显示器显示出站信号机故障

作业准备　通过车站联锁机显示器显示确认故障现象后，车站值班员向列车调度员报告，通知值班干部并上岗监控，在《行车设备检查登记簿》内登记，通知电务人员现场检查维修，电务登记："设备故障，暂不能修复，请车务按非正常办法办理"。车站值班员再次向列车调度员报告出站信号机故障情况后，请求并接收停止基本闭塞法改按电话闭塞法行车的调度命令，按列车调度员的指示准备发车。

作业要点　车站值班员根据列车调度员的命令，停止基本闭塞法改按电话闭塞法行车。通过车站联锁机显示器显示取消原闭塞，根据闭塞表示灯、CTC或TDCS终端显示、《行车日志》、各种安全帽及有关人员的报告确认区间空闲，与接车站办理闭塞手续，记录接车站发出同意闭塞的电话记录号码，上行为双号，下行为单号(双线区间正方向首列请求闭塞，除首列外根据收到的前次列车到达电话记录办理发车预告)。闭塞办理妥当后，揭挂"区间占用"安全帽。

车站值班员通过通过车站联锁机显示器排列调车进路锁闭发车进路(调车进路不能完全锁闭整个进路时，其他未锁闭道岔单操至所需位置后并单独锁闭)或单操道岔(含防护道岔)准备进路(并单独锁闭)。车站值班员通过车站联锁机显示器显示确认发车进路正确后，核对车次、区间、电话记录号码，填写路票。

路票填写如表 4—1 所示。

表 4—1

路　　票
电话记录第　1　号
车次　11209
浑河 ➡ 榆树台
浑河站（站名印）　　编号 000456

注：1. 路票为预先印好区间（即站名）和编号的硬卡片；　　（规格为 75 mm×88 mm）

2. 加盖㊖字戳记者，为路票副页。

助理值班员与车站值班员认真核对路票及调度命令，核对正确，通过车站联锁机显示器显示再次确认发车进路正确（由于设备的关系，助理值班员不能通过车站联锁机显示器显示确认发车进路时可不确认），与司机核对路票及调度命令，无误后交给司机。有运转车长值乘的列车还应向运转车长转达调度命令。确认发车条件具备，指示发车或发车。

抄收接车站列车到达的电话记录号码，办理区间开通手续，摘下"区间占用"安全帽。

设备恢复正常后，请求并接收恢复基本闭塞法行车的调度命令。

二、发车进路信号机故障，出站信号机显示进行信号

故障现象　发车进路信号机不能显示进行信号，车站联锁机显示器显示故障报警信息框或灯丝断丝报警灯红闪，同时报警语音提示。出站信号机显示正常。

故障现象如图4—15所示。

作业准备　通过车站联锁机显示器显示确认故障现象后，车站值班员向列车调度员报告，通知值班干部并上岗监控，在《行车设备检查登记簿》内登记，通知电务人员现场检查维修，电务登记："设备故障，暂不能修复，请车务按非正常办法办理"。车站值班员再次向列车调度员报告发车进路信号机故障情况后，按列车调度员的指示准备发车。

作业要点　车站值班员通过车站联锁机显示器显示排列调车进路锁闭发车进路（调车进路不能完全锁闭整个进路时，其他未锁闭的道岔单操至所需位置后并单独锁闭）或单操道岔（含防护道岔）准备进路（并单独锁闭）。车站值班员通过车站联锁机显示器显示确认发车进路正确后，填写《发车进路信号机故障通知书》。《发车进路信号机故障通知书》填写如表4—2所示。

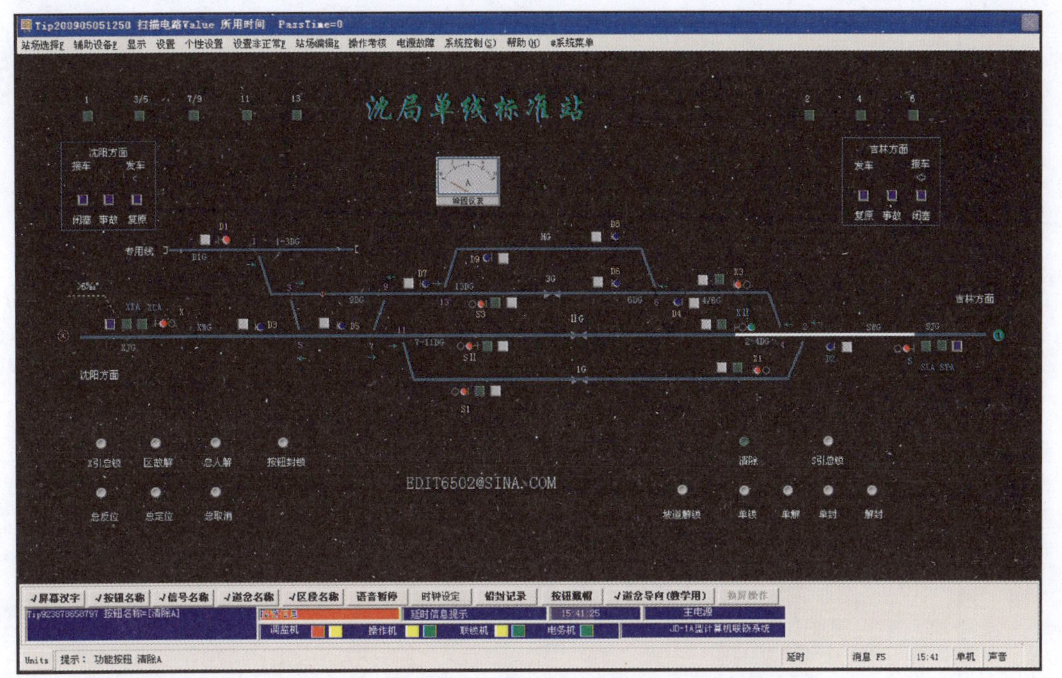

图 4－15 发车进路信号机不能显示进行信号，车站联锁机报警

表 4—2

发车进路信号机故障通知书
第 1 号
因 Ⅱ 场 5 道发车进路信号机故障，准许 22302 次列车在出站信号机开放的条件下，通过关闭的进路信号机。
梅河口站 站名(印)　　车站值班员(签名) 梅建刚
2010 年 1 月 1 日 10 时 40 分

(规格 90 mm×130 mm)

助理值班员与车站值班员核对发车进路信号机故障通知书，核对正确，通过车站联锁机显示器显示再次确认发车进路正确(由于设备的关系助理值班员不能通过车站联锁机显示器显示确认发车进路时可不确认)，与司机核对《发车进路信号机故障通知书》，无误后交给司机，旅客列车还应口头通知运转车长。确认发车条件具备，指示发车或发车。

三、闭塞设备故障

故障现象　车站联锁机显示器显示闭塞表示灯熄灭。

故障现象如图 4—16 所示。

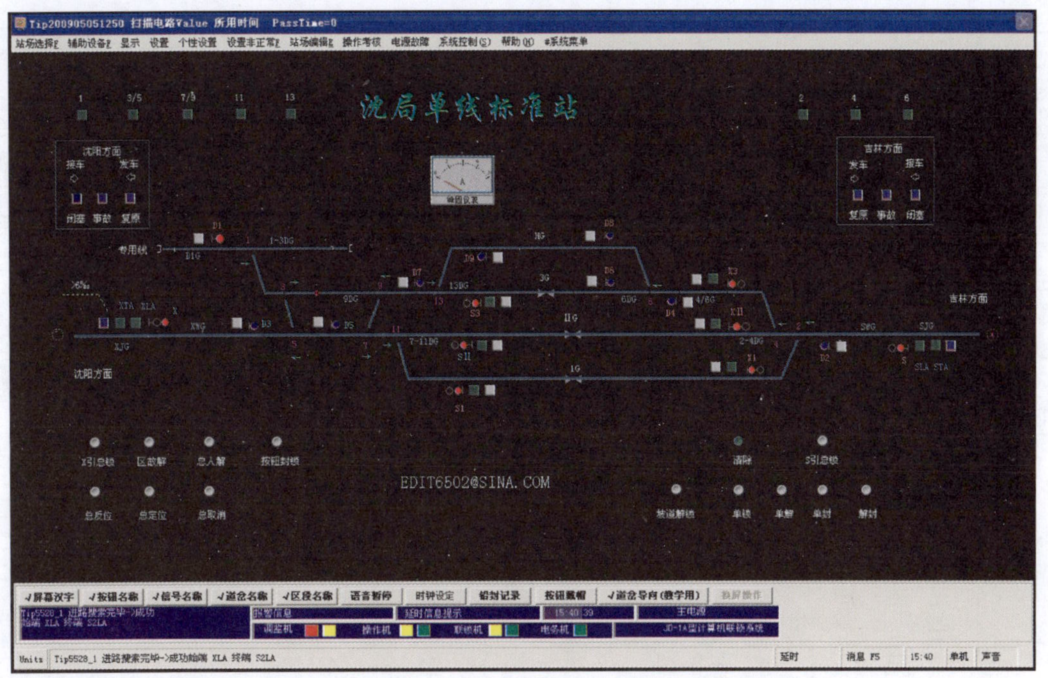

图 4－16 闭塞设备故障现象

作业准备　通过车站联锁机显示器显示确认故障现象后，车站值班员向列车调度员报告，通知值班干部并上岗监控，在《行车设备检查登记簿》内登记，通知电务及通信人员现场检查维修，电务或通信登记："设备故障，暂不能修复，请车务按非正常办法办理"。车站值班员再次向列车调度员报告闭塞机故障情况后，请求并接收停止基本闭塞法改按电话闭塞法行车的调度命令，按列车调度员的指示准备发车。

作业要点　车站值班员根据列车调度员的命令，停止基本闭塞法改按电话闭塞法行车。通过车站联锁机显示器显示取消原闭塞，根据 CTC 或 TDCS 终端显示、《行车日志》、各种安全帽及有关人员报告确认区间空闲，与接车站办理闭塞手续，记录接车站发出同意闭塞的电话记录号码，上行为双号，下行为单号（双线区间正方向首列请求闭塞，除首列外根据收到的前次列车到达电话记录办理发车预告）。闭塞办理妥当后，揭挂"区间占用"安全帽。

车站值班员通过通过车站联锁机显示器排列调车进路锁闭发车进路（调车进路不能完全锁闭整个进路时，其他未锁闭道岔单操至所需位置后并单独锁闭）或单操道岔（含防护道岔）准备进路（并单独锁闭）。车站值班员通过通过车站联锁机显示器显示确认发车进路正确后，核对车次、区间、电话记录号码，填写路票。

路票填写如表4—3所示。

表4—3

路　　票
电话记录第　1　号
车次 11209
浑河 ➡ 榆树台
浑河站（站名印）　　编号 000456

（规格为75 mm×88 mm）

注：1. 路票为预先印好区间（即站名）和编号的硬卡片；

2. 加盖㊖字戳记者，为路票副页。

助理值班员与车站值班员认真核对路票及调度命令，核对正确，通过通过车站联锁机显示器显示再次确认发车进路正确（由于设备的关系，助理值班员不能通过通过车站联锁机显示器显示确认发车进路时可不确认），与司机核对路票及调度命令，无误后交付司机。有运转车长值乘的列车还应向运转车长转达调度命令，确认发车条件具备，指示发车或发车。

抄收接车站列车到达的电话记录号码，办理区间开通手续，摘下“区间占用”安全帽。

闭塞设备恢复正常后，请求并接收恢复基本闭塞法行车的调度命令。

四、发车进路轨道电路故障，出站信号机（含发车进路信号机，下同）**不能开放**

发车进路上的某一道岔区段轨道电路故障，导致出站信号机不能开放分为两种情况：一种是发车进路中某一道岔区段轨道电路故障，但故障区段中的道岔位置正确，不需扳动；另一种是发车进路中某一道岔区段轨道电路故障，但故障区段中的道岔位置不正确，需要扳动。

(1)故障现象　发车进路上的某一道岔区段无机车车辆占用，车站联锁机显示器显示红光带，导致出站信号机不能正常开放。而该道岔区段内有一组或几组道岔，但该区段内所有的道岔均处在所需位置，不需扳动且车站联锁机显示器显示道岔位置正确表示正常。车站联锁机显示器显示故障报警信息框红闪，同时报警语音提示。

故障现象如图 4—17 所示。

作业准备　通过车站联锁机显示器显示确认故障现象后，车站值班员应立即指派胜任人员检查故障区段，得到无异状及线路空闲的报告后，向列车调度员报告，通知值班干部上岗监控，在《行车设备检查登记簿》内登记，通知工务、电务人员现场检查。

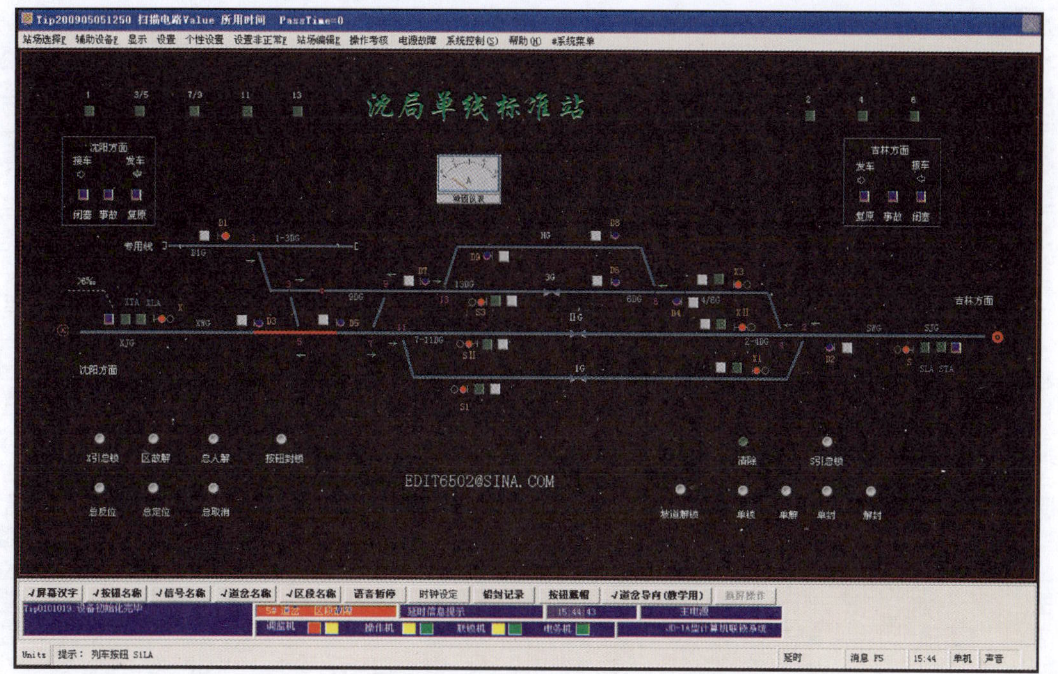

图 4－17 车站联锁机显示器显示发车进路轨道电路故障

车站值班员必须得到工务人员线路(设备)正常的报告,并在《行车设备检查登记簿》内销记;电务人员确认是轨道电路故障,并在《行车设备检查登记簿》内登记,登记内容:“轨道电路故障,暂不能修复,请车务按非正常办法办理”。车站值班员再次向列车调度员报告设备情况后,请求并接收停止基本闭塞法改按电话闭塞法行车的调度命令,按列车调度员指示准备发车。

作业要点　车站值班员根据列车调度员的命令,停止基本闭塞法改按电话闭塞法行车。根据闭塞表示灯、CTC 或 TDCS 终端显示、《行车日志》、各种安全帽及有关人员的报告确认区间空闲,与接车站办理闭塞手续,记录接车站发出同意闭塞的电话记录号码,上行为双号,下行为单号(双线区间正方向首列请求闭塞,除首列外根据收到的前次列车到达电话记录办理发车预告)。闭塞办理妥当后,揭挂“区间占用”安全帽。

车站值班员通过车站联锁机显示器将进路上无故障区段内的道岔(含防护道岔)单操至所需位置,并单独锁闭(也可采用分段排列调车进路的方式准备部分进路)。通过车站联锁机显示器显示确认无故障区段内的道岔位置开通正确。

故障区段内道岔位置正确不需扳动时,将故障区段内道岔单独锁闭，通过车站联锁机显示器显示确认进路正确后，核对车次、区间、电话记录号码后，填写路票。

路票填写如表4—4。

表4—4

路　票
电话记录第　1　号
车次　11209
浑河 ➡ 榆树台
浑河站（站名印）　　编号 000456

注：1. 路票为预先印好区间（即站名）和编号的硬卡片；　　（规格为75 mm×88 mm）

2. 加盖㊖字戳记者，为路票副页。

助理值班员与车站值班员认真核对路票及调度命令，核对正确，通过车站联锁机显示器显示再次确认发车进路正确（由于设备的关系，助理值班员不能通过车站联锁机显示器显示确认发车进路时可不确认），与司机核对路票及调度命令，无误后交给司机。有运转车长值乘时，还应向运转车长转达调度命令，确认发车条件具备，指示发车或发车。

接收接车站“列车到达”的电话记录号码，办理区间开通手续，摘下“区间占用”安全帽。

设备恢复正常后，请求并接收恢复基本闭塞法行车的调度命令。

(2)故障现象　发车进路上的某一道岔区段无机车车辆占用，车站联锁机显示器显示红光带，导致出站信号机不能正常开放，而该道岔区段内有一组或几组道岔，个别道岔位置未在所需位置，需要扳动。车站联锁机显示器显示故障报警信息框红闪，同时报警语音提示。

故障现象如图 4—18 所示。

作业准备　通过车站联锁机显示器显示确认故障现象后，车站值班员应立即指派胜任人员检查故障区段，得到无异状及线路空闲的报告后，向列车调度员报告，通知值班干部上岗监控，在《行车设备检查登记簿》内登记，通知工务、电务人员现场检查。车站值班员必须得到工务人员线路(设备)正常的报告，并在《行车设备检查登记簿》内销记；电务人员确认是轨道电路故障，并在《行车设备检查登记簿》内登记，登记内容：“轨道电路故障，暂不能修复，请车务按非正常办法办理”。车站值班员再次向列车调度员报告设备情况后，请求并接收停止基本闭塞法改按电话闭塞法行车的调度命令，按列车调度员指示准备发车。

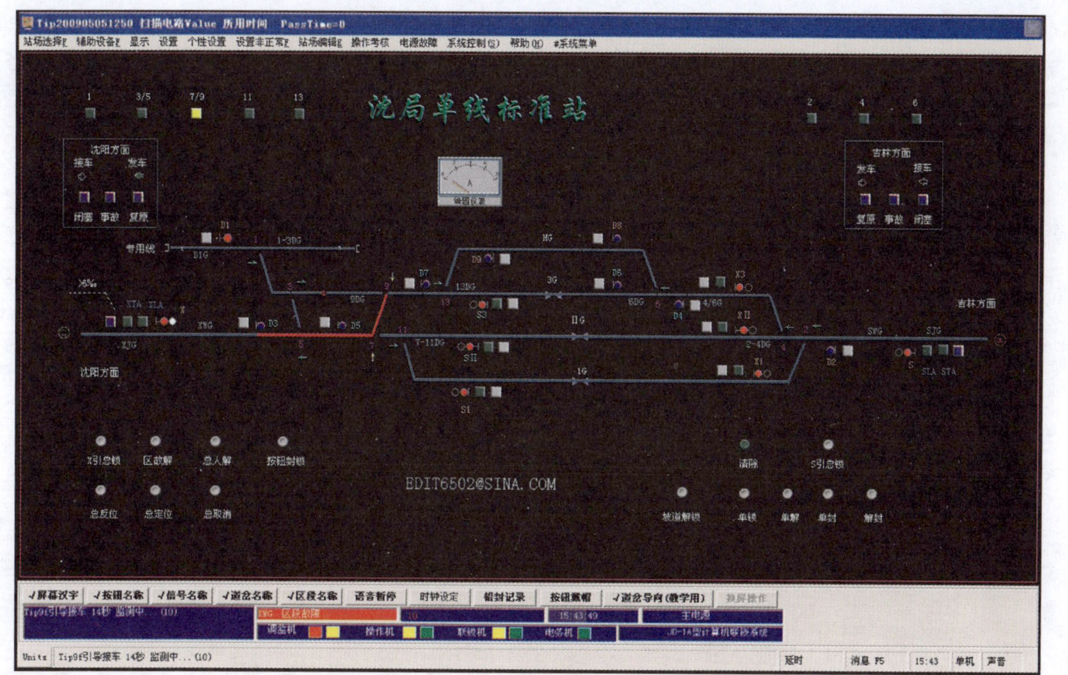

图 4－18 车站联锁机显示器显示发车进路轨道电路故障及出站信号机不能开放

作业要点　车站值班员根据列车调度员的命令，停止基本闭塞法改按电话闭塞法行车。根据闭塞表示灯、CTC 或 TDCS 终端显示、《行车日志》、各种安全帽及有关人员的报告确认区间空闲，与接车站办理闭塞手续，记录接车站发出同意闭塞的电话记录号码，上行为双号，下行为单号（双线区间正方向首列请求闭塞，除首列外根据收到的前次列车到达电话记录办理发车预告）。闭塞办理妥当后，揭挂“区间占用”安全帽。

车站值班员通过车站联锁机显示器显示确认进路上的道岔位置。并通过车站联锁机显示器将接车进路上无故障区段内的道岔单操至所需位置（也可采用分段排列调车进路的方式准备部分进路），通过车站联锁机显示器显示确认无故障区段内道岔位置开通正确；对故障区段内的道岔位置不正确需扳动的，应登记、开锁、破封取出道岔手摇把，指派胜任人员到现场，将故障区段道岔摇向所需位置（故障区段的道岔扳动后道岔就失去表示），检查确认尖轨与基本轨密贴良好并按规定加锁，分动外锁闭道岔还要确认心轨和斥离尖轨位置，在确认道岔位置正确后，无论对向还是顺向，使用专用勾锁器对密贴尖轨、斥离尖轨、可动心轨进行加锁固定，准备进路时必须执行双人确认或一人两次确认制度。加锁方法及位置如图 4－9、图 4－10、图 4－11 所示。

车站值班员必须得到扳道人员进路准备好了和确认正确的报告后，核对车次、区间、电话记录号码后，填写路票。

路票填写如表 4－5。

表 4－5

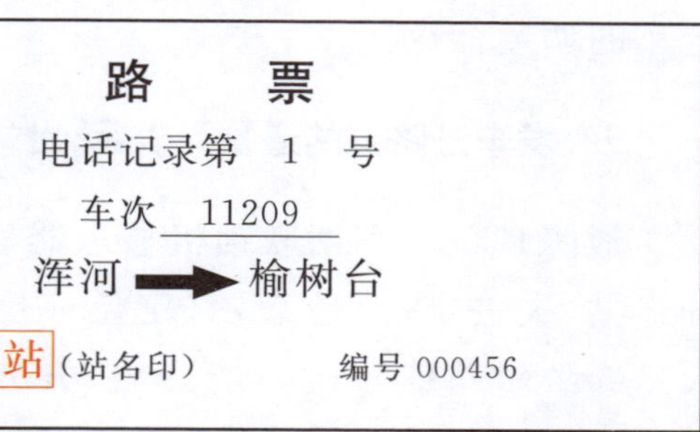

路　　票

电话记录第　1　号

车次　11209

浑河 ➡ 榆树台

浑河站（站名印）　　编号 000456

注：1. 路票为预先印好区间（即站名）和编号的硬卡片；　　（规格为 75 mm×88 mm）

2. 加盖副字戳记者，为路票副页。

助理值班员与车站值班员认真核对路票及调度命令，核对正确，通过车站联锁机显示器显示再次确认发车进路正确（由于设备的关系，助理值班员不能通过车站联锁机显示器显示确认发车进路时可不确认），与扳道人员对道后，与司机核对路票及调度命令，无误后交给司机。有运转车长值乘时，还应向运转车长转达调度命令，确认发车条件具备，指示发车或发车。

送车的扳道人员在列车全部越过最外方道岔后，报告车站值班员，将加锁的道岔解锁恢复定位；连续作业时，按车站值班员指示办理。

接收接车站“列车到达”的电话记录号码，办理区间开通手续，摘下“区间占用”安全帽。

设备恢复正常后，请求并接收恢复基本闭塞法行车的调度命令。

五、发车进路上的道岔无表示，出站信号机不能开放

故障现象　车站联锁机显示器显示发车进路上的道岔，失去定、反位表示（定位或反位表示全部熄灭），导致出站信号机不能开放，失去表示同时车站联锁机显示器显示故障报警信息框或挤岔报警灯红闪，同时报警语音提示。

故障现象如图 4—19 所示。

作业准备　通过车站联锁机显示器显示确认故障现象后，车站值班员应立即指派胜任人员检查故障道岔区段，得到无异状及线路空闲的报告后，向列车调度员报告，通知值班干部上岗监控，在《行车设备检查登记簿》内登记，通知工务、电务人员现场检查。车站值班员必须得到工务人员线路（设备）正常的报告，并在《行车设备检查登记簿》内销记；电务人

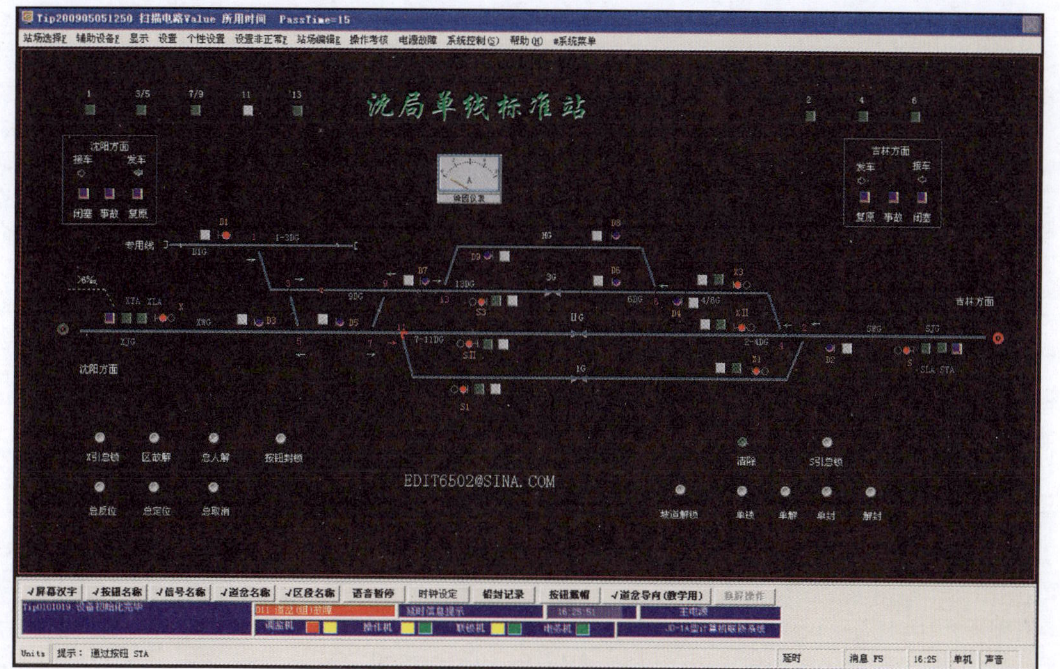

图4—19 车站联锁机显示器显示道岔失去定、反位表示及挤岔警报

员确认是电务设备故障，并在《行车设备检查登记簿》内登记，登记内容为："电务设备故障，暂不能修复，请车务按非正常办法办理"，分动外锁闭道岔失去锁闭功能时要写明。车站值班员再次向列车调度员报告设备情况后，请求并接收停止基本闭塞法，改按电话闭塞法行车的调度命令，按列车调度员指示准备发车。

作业要点　车站值班员根据列车调度员的命令，停止基本闭塞法改用电话闭塞法行车。根据闭塞表示灯、CTC 或 TDCS 终端显示、《行车日志》、各种安全帽及有关人员的报告确认区间空闲，与接车站办理闭塞手续，记录接车站发出同意闭塞的电话记录号码，上行为双号，下行为单号（双线区间正方向首列请求闭塞，除首列外根据收到的前次列车到达电话记录办理发车预告）。闭塞办理妥当后，揭挂"区间占用"安全帽。

车站值班员通过车站联锁机显示器显示确认进路上的道岔位置，在室内通过车站联锁机显示器将无故障道岔（含防护道岔）单操至所需位置后，并单独锁闭（也可采用分段排列调车进路的方式准备部分进路），通过车站联锁机显示器显示确认无故障道岔位置开通正确。同时登记、开锁、破封，取出道岔手摇把。指派扳道人员到现场将故障道岔摇向所需位置，检查尖轨与基本轨密贴良好后按规定加锁。分动外锁闭道岔还要确认心轨和斥离尖轨位置，在确认道岔位置正确后，不论对向还是顺向，使用专用勾锁器加锁固定（准备进路时必须执行两人确认或一人两次确认制度）。勾锁器加锁方法及位置如图 4—9、图 4—10、图 4—11所示。车站值班员必须得到扳道人员进路准备好了和确认正确的报告后，核对车次、区间、电话记录号码，填写路票。

路票填写如表 4—6 所示。

表 4—6

路　　票
电话记录第　1　号
车次　11209
浑河 ——→ 榆树台
浑河站（站名印）　　　编号 000456

注：1. 路票为预先印好区间（即站名）和编号的硬卡片；　　（规格为 75 mm×88 mm）

2. 加盖㊖字戳记者，为路票副页。

助理值班员与车站值班员认真核对路票及调度命令，核对正确。通过车站联锁机显示器显示再次确认发车进路正确（由于设备的关系，助理值班员不能通过车站联锁机显示器显示确认发车进路时可不确认)，与扳道人员对道后，与司机核对路票及调度命令，无误后交付司机。有运转车长值乘的列车还应向运转车长转达调度命令，确认发车条件具备，指示发车或发车。

列车出站后扳道人员将加锁的道岔解锁恢复定位，连续作业时，按车站值班员的指示办理。

接收接车站“列车到达”的电话记录号码，办理区间开通手续，摘下“区间占用”安全帽。

设备恢复正常后，请求并接收恢复基本闭塞法行车的调度命令。

六、站内临时停电

故障现象　车站信号电源停电后，信联闭设备全部失效，车站联锁机显示器显示无任何表示。

故障现象如图 4—20 所示。

作业准备　通过车站联锁机显示器显示确认故障现象后，车站值班员向列车调度员报告，通知值班干部上岗监控。在《行车设备检查登记簿》内登记，通知电务、供电人员现场检查。车站值班员必须得到电务或供电人员确认设备故障或站内临时停电，并在《行车设备检查登记簿》内登记，登记内容：“站内临时停电，暂不能恢复，请车务按非正常办法办理”。

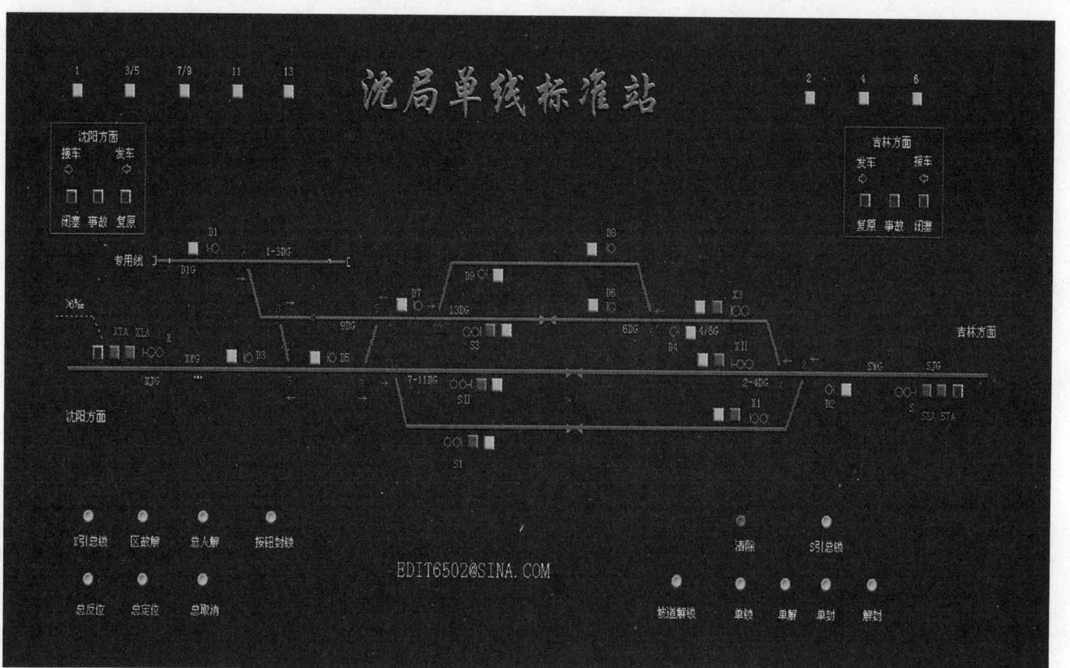

图 4－20　停电后车站联锁机显示器显示主副电源表示无任何显示，进、出站信号机灭灯

车站值班员再次向列车调度员报告设备情况后，请求并接收停止基本闭塞法改按电话闭塞法行车的调度命令，按列车调度员指示准备发车。

作业要点　车站值班员根据列车调度员的命令，停止基本闭塞法改用电话闭塞法行车。根据《行车日志》及各种安全帽与接车站共同确认区间空闲，办理闭塞手续，记录接车站发出同意闭塞的电话记录号码，上行为双号，下行为单号（双线区间正方向首列请求闭塞，除首列外根据收到的前次列车到达电话记录办理发车预告）。闭塞办理妥当后，揭挂“区间占用”安全帽。

车站值班员登记、破封、开锁取出道岔手摇把，指示扳道人员准备发车进路，扳道人员应正确及时地准备进路，检查尖轨与基本轨密贴良好，并将进路上的有关对向道岔及邻线上的防护道岔加锁，分动外锁闭道岔无论是对向还是顺向，还要确认心轨和斥离尖轨位置正确后，使用专用勾锁器加锁固定（准备进路时必须执行两人确认或一人两次确认制度）。勾锁器加锁方法及位置如图 4－9、图 4－10、图 4－11所示。车站值班员必须接到扳道人员进路准备好了的报告后，指示扳道人员再次确认发车进路并得到确认好了的报告后，核对车次、区间、电话记录号码，填写路票。

路票填写如表 4—7 所示。

表 4—7

路　票
电话记录第　1　号
车次　11209
浑河 ➡ 榆树台
浑河站（站名印）　　　编号 000456

注：1. 路票为预先印好区间（即站名）和编号的硬卡片；（规格为 75 mm×88 mm）

2. 加盖㊖字戳记者，为路票副页。

助理值班员与车站值班员认真核对路票及调度命令，核对正确，与扳道人员对道后，与司机核对路票及调度命令，无误后交付司机，有运转车长值乘的列车还应向运转车长转达调度命令，确认发车条件具备，指示发车或发车。

列车出站后扳道人员将加锁的道岔解锁恢复定位，连续作业时，按车站值班员的指示办理。

接收接车站“列车到达”的电话记录号码，办理区间开通手续，摘下“区间占用”安全帽。

夜间应立即取出行车备品箱内的防护信号灯，指派胜任人员到该站所有进站信号机处，在信号机柱距钢轨顶面不低于 2 m 处加挂信号灯，向区间方面显示红色灯光。

设备恢复供电后，请求并接收使用故障按钮和恢复基本闭塞法行车的调度命令。使用故障按钮办理闭塞机复原。

七、在未设出站信号机的线路上发车

作业准备　车站值班员通知值班干部上岗监控，向列车调度员报告，请求并接收停止基本闭塞法改按电话闭塞法行车的调度命令，按列车调度员指示准备发车。

作业要点　车站值班员根据列车调度员的命令，停止基本闭塞法改用电话闭塞法行车。根据闭塞表示灯、CTC 或 TDCS 终端显示、《行车日志》及各种安全帽确认区间空闲，与接车站办理闭塞手续，抄收接车站同意闭塞的电话记录号码，上行为双号，下行为单号。闭塞办理妥当后，揭挂“区间占用”安全帽。

车站值班员通过车站联锁机显示器排列调车进路锁闭发车进路（调车进路不能完全锁闭整个进路时，其他未锁闭道岔单操至所需位置后并单独锁闭）或单操道岔（含防护道岔）准备进路（并单独锁闭）。通过车站联锁机显示器显示确认进路正确后，核对车次、区间、电话记录号码，填写路票。

路票填写如表 4－8 所示。

表 4－8

路　　票
电话记录第　1　号
车次　11209
浑河 ➡ 榆树台
浑河站（站名印）　　编号 000456

注：1. 路票为预先印好区间（即站名）和编号的硬卡片；　　（规格为 75 mm×88 mm）

2. 加盖㊎字戳记者，为路票副页。

助理值班员与车站值班员认真核对路票及调度命令，核对正确，通过车站联锁机显示器显示再次确认发车进路正确（由于设备的关系助理值班员不能通过车站联锁机显示器显示确认发车进路时可不确认），与司机核对路票及调度命令，无误后交给司机。确认发车条件具备，指示发车或发车。

抄收接车站列车到达的电话记录号码，办理区间开通手续，摘下“区间占用”安全帽。

请求并接收恢复基本闭塞法行车的调度命令。

八、在非到发线上发车

作业准备　车站值班员通知值班干部上岗监

控，向列车调度员报告，请求并接收由非到发线上发车停止基本闭塞法改按电话闭塞法行车的调度命令，按列车调度员的指示准备发车。

作业要点　车站值班员根据列车调度员的命令，停止基本闭塞法改用电话闭塞法行车。根据闭塞表示灯、CTC 或 TDCS 终端显示、《行车日志》及各种安全帽确认区间空闲，与接车站办理闭塞手续，抄收接车站同意闭塞的电话记录号码，上行为双号，下行为单号。闭塞办理妥当后，揭挂“区间占用”安全帽。

集中区的发车进路由车站值班员通过车站联锁机显示器排列调车进路锁闭进路（调车进路不能完全锁闭整个进路时，其他未锁闭道岔单操至所需位置后并单独锁闭）或单操道岔（含防护道岔）准备进路，并单独锁闭，通过车站联锁机显示器显示确认进路正确。非集中区的道岔由扳道人员就地操纵至所需位置，检查尖轨与基本轨密贴良好，并将进路上的有关对向道岔及邻线上的防护道岔加锁，确认发车进路正确。车站值班员听取扳道人员“进路准备好了”和“确认好了”的报告后，核对车次、区间、电话记录号码，填写路票。

路票填写如表 4—9 所示。

表 4—9

路 票
电话记录第 1 号
车次 11209
浑河 ➡ 榆树台
浑河站（站名印） 编号 000456

注：1. 路票为预先印好区间（即站名）和编号的硬卡片； （规格为 75 mm×88 mm）

2. 加盖㊓字戳记者，为路票副页。

助理值班员与车站值班员认真核对路票及调度命令，核对正确，通过车站联锁机显示器显示确认集中区发车进路正确后（由于设备的关系助理值班员不能通过车站联锁机显示器显示确认发车进路时可不确认），非集中区进路与扳道人员对道，与司机核对路票及调度命令，无误后交给司机。确认发车条件具备，指示发车或发车。

列车尾部越过非集中区后，扳道人员将加锁的道岔解锁恢复定位。

抄收接车站“列车到达”的电话记录号码，办理区间开通手续，摘下“区间占用”安全帽。

请求并接收恢复基本闭塞法行车的调度命令。

九、超长列车头部越过出站信号机（压上出站方面轨道电路）

作业准备　车站值班员通知值班干部上岗监控。向列车调度员请求并接收准许超长列车头部越过出站信号机发车停止基本闭塞法改按电话闭塞法行车的调度命令，按列车调度员的指示准备发车。

作业要点　车站值班员根据列车调度员的命令，停止基本闭塞法改用电话闭塞法行车。根据闭塞表示灯、CTC 或 TDCS 终端显示、《行车日志》及各种安全帽确认区间空闲，与接车站办理闭塞手续，记录接车站同意闭塞的电话记录号码，上行为双号，下行为单号。闭塞办理妥当后，揭挂“区间占用”安全帽。

超长列车头部占用的轨道电路区段，在列车占用时即将相关道岔开通向发车进路并单独锁闭。超长列车未占用的轨道电路区段，排列调车进路锁闭进路（调车进路不能完全锁闭整个进路时，其他未锁闭道岔单操至所需位置后并单独锁闭）或单操道岔（含防护道岔）准备进路，并单独锁闭。通过车站联锁机显示器显示确认进路正确。确认发车进路准备正确后，核对车次、区间、电话记录号码，填写路票。

路票填写如表 4—10 所示。

表 4—10

<table>
<tr><td>

路　票

电话记录第　1　号

车次　11209

浑河 ➡ 榆树台

浑河站（站名印）　　　　编号 000456

</td></tr>
</table>

注：1. 路票为预先印好区间（即站名）和编号的硬卡片；　　（规格为 75 mm×88 mm）

2. 加盖㊖字戳记者，为路票副页。

助理值班员与车站值班员认真核对路票及调度命令，核对正确，通过车站联锁机显示器显示确认发车进路正确后（由于设备的关系助理值班员不能通过车站联锁机显示器显示确认发车进路时可不确认），与司机核对路票及调度命令，无误后交给司机。确认发车条件具备，指示发车或发车。

抄收接车站列车到达的电话记录号码，办理区间开通手续。摘下“区间占用”安全帽。

请求并接收恢复基本闭塞法行车的调度命令。

十、双线改按单线行车的发车（含双向闭塞设备发生故障）

作业准备　通知值班干部上岗监控，接收列车调度员发布的双线改按单线行车和停止基本闭塞法改按电话闭塞法行车的调度命令。

作业要点　车站值班员根据列车调度员的命令，停止基本闭塞法改按电话闭塞法行车。根据闭塞表示灯、CTC或TDCS终端显示、《行车日志》及各种安全帽确认区间空闲，与接车站办理闭塞手续，抄收接车站同意闭塞的电话记录号码，上行为双号，下行为单号。闭塞办理妥当后，揭挂“区间占用”安全帽。

通过车站联锁机显示器，排列调车进路锁闭进路（调车进路不能完全锁闭整个进路时，其他未锁闭道岔单操至所需位置后并单独锁闭）或单操道岔（含防护道岔）准备进路，并单独锁闭。通过车站联锁机显示器显示确认进路正确后，核对车次、区间、电话记录号码，方可填写路票。

路票填写如表4－11所示。

表4－11

路　票
电话记录第　1　号
车次　11209
文官屯 ➡ 虎石台
文官屯站（站名印）　　编号 000456

注：1. 路票为预先印好区间（即站名）和编号的硬卡片；　（规格为75 mm×88 mm）

2. 加盖㊖字戳记者，为路票副页。

助理值班员与车站值班员认真核对路票、调度命令，核对正确，通过车站联锁机显示器显示再次确认发车进路正确后(由于设备的关系助理值班员不能通过车站联锁机显示器显示确认发车进路时可不确认)，与司机核对路票及调度命令无误后交付司机，有运转车长值乘的列车还应向运转车长转达调度命令，确认发车条件具备，指示发车或发车(正方向发出列车时，必须采用排列调车进路的方法准备发车进路，不可开放出站信号以防司机误认信号)。

列车到达邻站后，接收接车站列车到达的电话记录号码，办理区间开通手续，摘下“区间占用”安全帽。

十一、一切电话中断时发车

作业准备　故障出现后，车站值班员立即设法通知值班干部上岗监控，在《行车设备检查登记簿》内登记，派人通知通信人员现场检查。通信人员到后在《行车设备检查登记簿》内登记。

作业要点　车站值班员通告助理值班员(设信号员的包括信号员)，现在一切电话中断。

本站为优先发车站，已办妥××次闭塞(未办妥闭塞的优先发车站，发出第一列列车前，必须查明区间空闲)。

本站如没有待发列车时，应主动用《技规》附件

3 的通知书通知非优先发车的车站。

单线行车(含单线自动闭塞设备作用不良时)按书面联络法,双线行车按时间间隔法。列车进入区间的行车凭证均为红色许可证。

双线区间按时间间隔法行车,只准发出正方向的列车,连续发出同一方向的列车时,两列车的间隔时间,应按区间规定的运行时间另加 3 min,但不得少于 13 min。在发车进路准备妥当后,车站值班员方可填写红色许可证,与助理值班员核对正确。

红色许可证填写如表 4—12 所示。

表 4—12

许 可 证 第 1 号

现一切电话中断,准许第 45501 次列车自 浑河 站至 榆树台 站,本列车前于 10 时 00 分发出的第 48007 次列车,邻站到达通知 ~~已~~ 未 收到。

通 知 书

1. 第 45501 次列车到达你站后,准接你站发出的列车。

~~2. 于＿＿时＿＿分发出第＿＿次列车,并于＿＿时＿＿分再发出第＿＿次列车。~~

浑河站(站名印)车站值班员(签名) 赵 禹

2010 年 1 月 1 日填发

注:1. 红色纸,复写一式三份,司机、运转车长各一份,存根一份;

2. 不用的字句抹消。

(规格 90 mm×130 mm)

助理值班员与车站值班员认真核对红色许可证，核对正确，通过车站联锁机显示器显示确认发车进路正确（由于设备的关系，助理值班员不能通过车站联锁机显示器显示确认发车进路时可不确认），与司机核对红色许可证，无误后交给司机，确认发车条件具备，指示发车或发车。

根据《红色许可证》记载的下一列车发车权做好接车或再次发出同一方向列车的准备。

十二、半自动闭塞区间列车被迫停车分部运行时

分部运行条件：在不得已情况下，列车必须分部运行时，司机应使用列车无线调度通信设备报告前（后）方站和列车调度员，并做好遗留车辆的防溜和防护工作。下列情况列车不准分部运行：

（1）采取措施后可整列运行时；

（2）对遗留车辆未采取防护、防溜措施时；

（3）遗留车辆无人看守时；

（4）列车无线调度通信设备故障时。

作业准备　车站值班员接到列车必须分部运行的报告后，应立即报告列车调度员，通知值班干部上岗监控，通知有关人员做好准备，按列车调度员的指示准备接车。

作业要点　根据列车调度员的命令，立即封锁

区间，揭挂（扣）区间封锁表示牌（帽），通过车站联锁机显示器显示确认接车线路空闲并得到接车线路空闲的报告后，开放进站信号接车。

司机在记明遗留车辆辆数和停留位置后，方可牵引前部车辆运行至前方站。在运行中仍按信号机的显示运行。如果司机未用列车无线调度通信设备通知车站值班员列车为分部运行时，该列车必须在进站信号机外停车，将情况通知车站值班员后再进站。

车站值班员应立即报告列车调度员，待分部运行列车进站后，立即向列车调度员报告并通知发车站同时封锁区间。

接车人员认真核对车辆辆数，按列车调度员的指示迅速组织机车及有关人员，将遗留车辆迅速拉回车站，若拉向前方站开放进站信号机接车，拉回后方站未设进站信号机时，排列调车进路锁闭进路（调车进路不能完全锁闭整个进路时，其他未锁闭道岔单操至所需位置后并单独锁闭）或单操道岔（含防护道岔）准备进路，并单独锁闭。在准备好进路后，派引导员使用引导手信号接车，确认区间空闲后，方可开通区间。

第五章　自动、半自动闭塞通用部分非正常情况下的接发列车作业程序及办法预案

一、双线反方向接车（含双向闭塞设备反方向设备发生故障）

作业准备　通知值班干部上岗监控，接收列车调度员发布的双线反方向行车和停止基本闭塞法改按电话闭塞法行车的调度命令。

作业要点　车站值班员根据列车调度员的命令，停止基本闭塞法改按电话闭塞法行车。根据闭塞表示灯、CTC 或 TDCS 终端显示、《行车日志》及各种安全帽确认区间空闲，与发车站办理闭塞手续，发出同意闭塞的电话记录号码，上行为双号，下行为单号。闭塞办理妥当后，揭挂“区间占用”安全帽。

反方向接车时，设有双向闭塞设备的车站，可以开放进站信号机办理接车。

反方向接车时，未设双向闭塞设备的车站，车站值班员通过车站联锁机显示器，排列调车进路锁闭进路（调车进路不能完全锁闭整个进路时，其他未锁闭道岔单操至所需位置后并单独锁闭）或单操道岔

（含防护道岔）准备进路，并单独锁闭。通过车站联锁机显示器显示确认进路正确后，指示引导员到《站细》规定地点，显示引导手信号接车。

引导接车的调度命令可连同前发停止基本闭塞法的命令下达。

列车到达后，收回占用区间凭证，向发车站发出“列车反方向到达”的电话记录号码，办理区间开通手续，摘下“区间占用”安全帽。

二、双线反方向发车（含双向闭塞设备反方向设备发生故障）

作业准备　通知值班干部上岗监控，请求并接收列车调度员发布双线反方向行车和停止基本闭塞法改按电话闭塞法行车的调度命令。

作业要点　车站值班员根据列车调度员的命令，停止基本闭塞法改按电话闭塞法行车。根据闭塞表示灯、CTC 或 TDCS 终端显示、《行车日志》及各种安全帽确认区间空闲，与接车站办理闭塞手续，抄收接车站同意闭塞的电话记录号码，上行为双号，下行为单号。闭塞办理妥当后，揭挂“区间占用”安全帽。

车站值班员通过车站联锁机显示器，排列调车进路锁闭进路（调车进路不能完全锁闭整个进路时，其他未锁闭道岔单操至所需位置后并单独锁闭）或单操道岔(含防护道岔)准备进路,并单独锁闭。通过车站联锁机显示器显示,确认进路正确后,核对车次、区间、电话记录号码,方可填写路票,并在路票右上角加盖"反方向行车"章。

路票填写如表 5—1 所示。

表 5—1

反方向行车

路　票

电话记录第　1　号

车次　11209

文官屯 ➡ 虎石台

文官屯站(站名印)　　　编号 000456

(规格为 75 mm×88 mm)

注:1. 路票为预先印好区间(即站名)和编号的硬卡片;

2. 加盖㊖字戳记者,为路票副页。

助理值班员与车站值班员认真核对路票、调度命令,核对正确,通过车站联锁机显示器显示再次确认发车进路正确后(由于设备的关系,助理值班员不能通过车站联锁机显示器显示确认发车进路时可不确认),与司机核对路票、调度命令,无误后一并交给司机,有运转车长值乘的列车还应向运转车长转达调度命令。确认发车条件具备,指示发车或发车。

列车出发后，向接车站通知发车时刻，提醒接车站“反方向运行”。列车到后，接收接车站列车到达的电话记录号码，办理区间开通手续。摘下“区间占用”安全帽。

三、站内无空闲线路接车

作业准备　在站内无空闲线路的情况下，仅限于接入为排除故障、事故救援、疏解车辆等所需要的救援列车、不挂车的单机、动车及重型轨道车。向列车调度员报告车站线路占用情况，根据列车调度员的指示做好接车准备，通知值班干部上岗监控，同时指派胜任人员现场检查接车股道内的停留车位置，能否容纳所接列车。接车线内如停有机车、动车及重型轨道车时，应通知司机不得移动。

作业要点　车站值班员通过车站联锁机显示器，排列调车进路锁闭进路（调车进路不能完全锁闭整个进路时，其他未锁闭道岔单操至所需位置后并单独锁闭）或单操道岔（含防护道岔）准备进路，并单独锁闭。通过车站联锁机显示器显示，再次确认进路正确。

确认列车在进站信号机外停车后，指示接车人员到站外通知司机事由及注意事项。接车人员登乘机车以调车手信号旗（灯）将列车领入站内接车线，停于指定地点。

四、非到发线接车

作业准备　车站值班员通知值班干部上岗监控，请求并接收准许向非到发线上接车及引导接车的调度命令。

作业要点　采用基本闭塞法行车。派胜任人员检查接车线空闲，并听取报告。集中区的接车进路由车站值班员通过车站联锁机显示器，排列列车、调车进路（排列后取消）准备进路或单操道岔（含防护道岔）准备进路。通过车站联锁机显示器显示确认进路正确；非集中区的道岔由扳道人员就地操纵至所需位置，检查尖轨与基本轨密贴良好，并将进路上的有关对向道岔及邻线上的防护道岔加锁，确认接车进路正确。车站值班员听取扳道人员进路准备好了和确认正确的报告后，登记破封使用引导总锁闭按钮和引导信号按钮，开放引导信号接车。

车站值班员须将引导接车及向非到发线接车的调度命令向司机（运转车长）转达。

列车尾部进入接车线后，扳道人员将加锁的道岔解锁恢复定位。

五、向施工封锁区间发出路用列车

作业准备　车站值班员根据施工负责人的请

求，向列车调度员报告。请求并接收封锁区间及向施工封锁区间开行路用列车的调度命令，车站值班干部按施工规定认真监控作业。

作业要点　车站值班员接到封锁区间的调度命令后，揭挂“区间封锁”安全帽。向施工封锁区间发出路用列车，不办理闭塞手续，但需与邻站联系；以调度命令作为出入封锁区间的行车凭证。车站值班员通过车站联锁机显示器，排列列车进路（此时出站信号不是进入区间凭证）、调车进路锁闭进路（调车进路不能完全锁闭整个进路时，其他未锁闭道岔单操至所需位置后并单独锁闭）或单操道岔（含防护道岔）准备进路，并单独锁闭。通过车站联锁机显示器显示确认进路正确。

调度命令填写如表 5－2 所示。

表 5－2

调　度　命　令

2010 年1 月1 日14 时20 分　　　第1127 号

受令处所	榆树台站转施工负责人及56002 次司机、车长。	调度员姓名	刘平安
内容	准许榆树台 站开56002 次，进入封锁区间20 km 546 m处（防护点）停车，按施工领导人的指示进行作业，（返回开56003 次，）限17 时10 分到达榆树台 站，往返限速30 km/h。		

（规格 110 mm×160 mm）　　受令车站 榆树台站　车站值班员 常安全

助理值班员与车站值班员认真核对调度命令，核对正确，通过车站联锁机显示器显示再次确认发车进路正确后（由于设备的关系，助理值班员不能通过车站联锁机显示器显示确认发车进路时可不确认），与司机核对调度命令，无误后交给司机，确认发车条件具备，指示发车或发车。

路用列车进入封锁区间时，要立即通知列车调度员和邻站，说明进入“线别”，揭挂“区间占用”安全帽。

由一端站连续进入两列及以上路用列车进入同一施工封锁区间时，间隔不得少于 7 min。

两列及以上路用列车由一端或两端进入同一施工封锁区间时，具体运行办法，按施工安全措施及调度命令的规定办理。

六、由封锁区间返回路用列车

作业准备　车站值班员接到施工现场负责人开车通知后，核对施工封锁区间开行路用列车的调度命令。

作业要点　车站值班员根据命令要求，确定接车线，并确认接车线路空闲，开放进站信号接车。

如遇进站信号机不能开放，通过车站联锁机显示器，排列调车进路准备进路后取消调车信号或单操道岔（含防护道岔）准备进路。通过车站联锁机显示器显示，确认进路正确后，开放引导信号接车（请求并接收引导接车的调度命令）。

未设进站信号机时，通过车站联锁机显示器，排列调车进路锁闭进路（调车进路不能完全锁闭整个进路时，其他未锁闭道岔单操至所需位置后并单独锁闭）或单操道岔（含防护道岔）准备进路，并单独锁闭。通过车站联锁机显示器显示确认进路正确后，指示引导员到《站细》规定地点显示引导手信号接车。

车站值班员须将引导接车调度命令的号码及内容向司机（运转车长）转达。

路用列车全部到达（返回）后，应及时通知邻站并报告列车调度员，摘下“区间占用”安全帽。

两端站车站值班员确认区间空闲，根据施工负责人的请求，向列车调度员的报告，接收开通区间的调度命令，与邻站核对调度命令后，开通区间，并摘下“区间封锁”安全帽。

七、向封锁区间发出救援列车

作业准备　通知值班干部上岗监控，向列车调度员报告：请求救援的有关情况，并通知有关救援单位。接收封锁区间及开行救援列车的调度命令。

作业要点　车站值班员接到封锁区间的调度命

令后，揭挂“区间封锁”安全帽，向封锁区间发出救援列车时，不办理闭塞手续，以列车调度员的命令作为进入封锁区间的许可，遇调度电话不通时，救援列车以车站值班员的命令作为进入封锁区间的许可。

车站值班员通过车站联锁机显示器，排列列车进路（此时出站信号不是进入区间凭证）、调车进路锁闭进路（调车进路不能完全锁闭整个进路时，其他未锁闭道岔单操至所需位置后并单独锁闭）或单操道岔（含防护道岔）准备进路，并单独锁闭。通过车站联锁机显示器显示确认进路正确，接收或填写调度命令。

调度命令、车站值班员命令填写如表5—3、表5—4所示。

表5—3

调　度　命　令

2010年1月1日14时20分　　　第1128号

受令处所	长春站转救援负责人及58102次司机、车长。	调度员姓名	刘平安
内容	准许长春站开58102次，进入长春站至长春南站间上行线封锁区间482 km 700 m处进行事故救援，区间（____km ____m至km ____m）限速20 km/h，将____次推进（返回开58103次）至____站（按事故救援指挥人的指挥办理）。		

（规格110 mm×160 mm）　　　受令车站 长春站 车站值班员 张平

表 5—4

值　班　员　命　令

2010 年1月1 日8 时10 分　　第1 号

受令处所	58102 次司机	值班员姓名	张平
内容	现调度电话中断，45004 次在长春站至长春南站上行线 482 km700 m 处尾部车辆脱轨；经与长春南站值班员联系同意由接令时起，长春站至长春南站间上行线区间封锁；准长春站向封锁区间开行 58102 次去现场救援，区间限速20 km/h，复救完毕折返开 58103 次，长春站以引导信号(手信号)接车。		

(规格 110 mm×160 mm)　　受令车站 长春站 车站值班员 张平

助理值班员与车站值班员认真核对调度命令，核对正确，通过车站联锁机显示器显示，再次确认发车进路正确后(由于设备的关系，助理值班员不能通过通过车站联锁机显示器显示确认发车进路时可不确认)，与司机核对调度命令，无误后交给司机，确认发车条件具备，指示发车或发车。

救援列车进入封锁区间时，要及时通知邻站，进入的“线别”，并揭挂“区间占用”安全帽。

如果救援现场设有临时线路所时，车站值班员于发车前应商得线路所值班员的同意。

八、封锁区间返回救援列车的接车

作业准备　在接到救援现场负责人的开车通知后，核对封锁区间开行救援列车的调度命令。

作业要点　车站值班员根据命令要求，确定接车线，并确认接车线路空闲，开放进站信号接车。

如遇进站信号机不能开放，通过车站联锁机显示器，排列调车进路准备进路后取消调车信号或单操道岔（含防护道岔）准备进路。通过车站联锁机显示器显示确认进路正确后，开放引导信号接车（请求并接收引导接车的调度命令）。

未设进站信号机时，通过车站联锁机显示器，排列调车进路锁闭进路（调车进路不能完全锁闭整个进路时，其他未锁闭道岔单操至所需位置后并单独锁闭）或单操道岔（含防护道岔）准备进路，并单独锁闭。通过车站联锁机显示器显示确认进路正确后，指示引导员到《站细》规定地点显示引导手信号接车。

救援列车全部到达（返回）后，应及时通知邻站并报告列车调度员，摘下“区间占用”安全帽。

车站值班员须将引导接车的调度命令号码及内容向司机转达。

列车调度员根据救援现场负责人的报告，发布开通区间的调度命令。

车站值班员根据调度命令，与邻站核对无误后，及时开通区间，摘下“区间封锁”安全帽。

九、站内和区间全部停电接车

故障现象　站内和区间电源停电后，信联闭设备全部失效，车站联锁机显示器上无任何表示。

故障现象如图 5—1 所示。

作业准备　通过车站联锁机显示器、CTC 或 TDCS 设备确认站内及区间均停电后，车站值班员向列车调度员报告，通知值班干部上岗监控。在《行车设备检查登记簿》内登记，通知电务、供电人员现场检查。车站值班员必须得到电务、供电人员确认是设备故障或临时停电，并在《行车设备检查登记簿》内登记，登记内容：“站内和区间临时停电，暂不能恢复，请车务按非正常办法办理。”车站值班员再次向列车调度员报告停电情况后，请求接收停止基本闭塞法改按电话闭塞法行车及引导接车的调度命令，按列车调度员的指示准备接车。

作业要点　承认首列闭塞前，要根据行车日志及各种行车表示牌确认区间空闲，发出同意接车的电话记录号码，上行为双号，下行为单号。闭塞办理妥当后，揭挂“区间占用”安全帽。

车站值班员先确定接车线路，登记、开锁、破封，

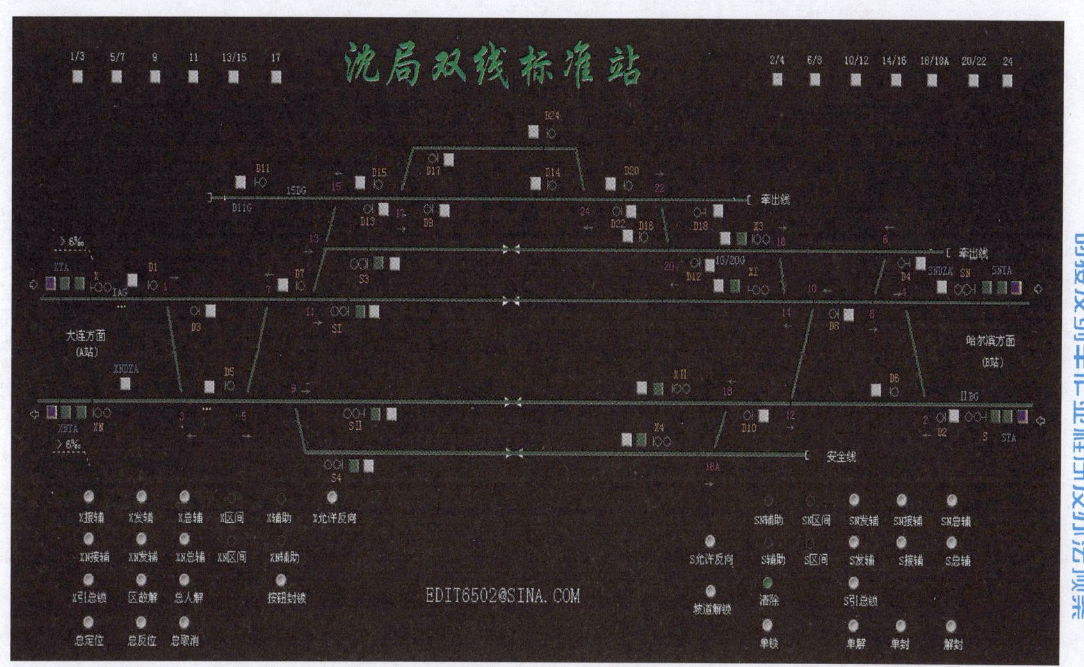

图 5－1 站内及区间停电后，车站联锁机显示器无任何显示，进、出站信号机灯光熄灭

取出手摇把。指示助理值班员和两端扳道人员现场检查接车线路空闲。车站值班员必须得到线路空闲的报告后,指示扳道人员准备接车进路,扳道人员应正确及时地准备进路,将进路上的道岔摇向所需位置,检查尖轨与基本轨密贴良好,并将进路上的有关对向道岔及邻线上的防护道岔加锁,分动外锁闭道岔无论是对向还是顺向,还要确认心轨和斥离尖轨位置,在确认道岔位置正确后,使用专用勾锁器加锁固定。加锁方法如图 5—2、图 5—3、图 5—4 所示。车站值班员接到扳道人员进路准备好了的报告后,指示引导员(设进路检查人员时为进路检查人员)再次确认接车进路正确,在得到引导员进路确认正确的报告后,方可派引导员到引导地点显示引导手信号接车。

加锁方法及位置如图 5—2、图 5—3、图 5—4 所示。

图 5—2 普通道岔加锁示意图

图 5－3　提速分动外锁闭道岔密贴尖轨、斥离尖轨加锁示意图

图 5－4　可动心轨道岔加锁示意图

车站值班员须将引导接车调度命令的号码及内容向司机(运转车长)转达。

接收到达列车的路票,确认正确后,划×注销,确认列车整列到达,发出列车到达的电话记录号码,开通区间,摘下“区间占用”安全帽。

列车全部进入接车线后,扳道人员将加锁的道岔解锁恢复定位,连续作业时,按车站值班员的指示办理。

夜间应立即取出行车备品箱内的防护信号灯,指派胜任人员到进站信号机处,在信号机柱距钢轨顶面不低于2 m处加挂信号灯,向区间方面显示红色灯光。

设备恢复供电后,请求并接收使用故障按钮和恢复基本闭塞法行车的调度命令。使用故障按钮办理闭塞机复原(自动闭塞区段除外)。

十、站内和区间全部停电发车

故障现象　站内和区间电源停电后,信联闭设备全部失效,车站联锁机显示器上无任何显示。

故障现象如图5—5所示。

作业准备　通过车站联锁机显示器、CTC或TDCS设备确认站内及区间均停电后,车站值班员向列车调度员报告,通知值班干部上岗监控,在《行车

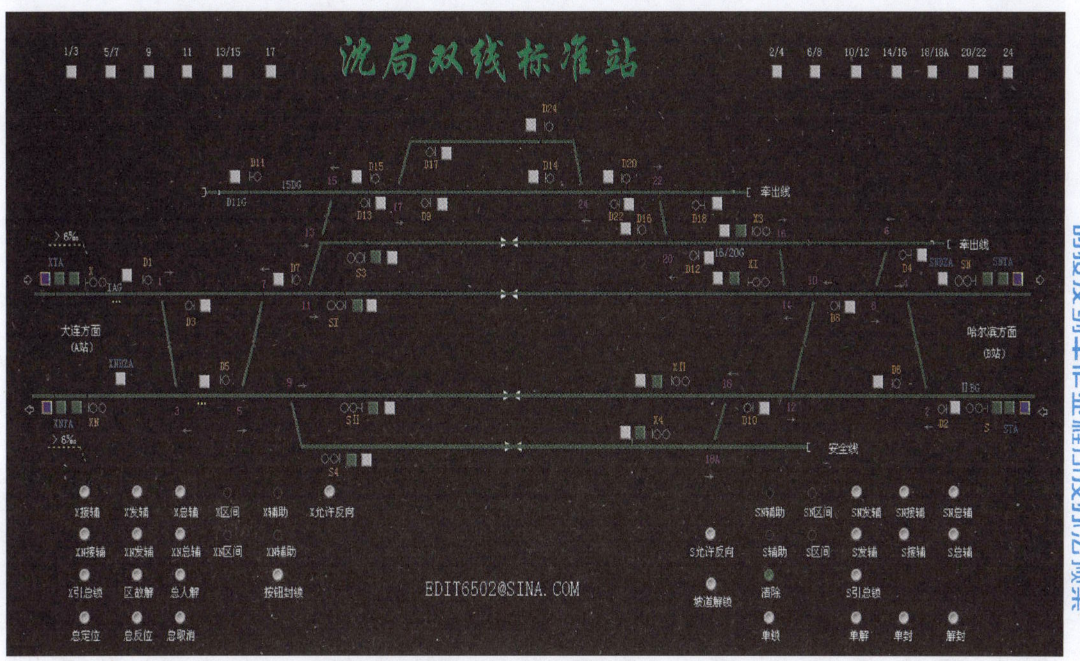

图5－5 站内及区间停电后，车站联锁机显示器无任何显示，进、出站信号机灯光熄灭

设备检查登记簿》内登记，通知电务、供电人员现场检查。车站值班员必须得到电务、供电人员确认是设备故障或临时停电，并在《行车设备检查登记簿》内登记，登记内容："站内和区间临时停电，暂不能恢复，请车务按非正常办法办理。"车站值班员再次向列车调度员报告停电情况后，请求并接收停止基本闭塞法改按电话闭塞法行车的调度命令，按列车调度员的指示准备发车。

作业要点　车站值班员根据列车调度员的命令，停止基本闭塞法改用电话闭塞法行车。根据《行车日志》及各种安全帽确认区间空闲，与接车站办理闭塞手续，记录接车站发出同意闭塞的电话记录号码，上行为双号，下行为单号(双线正方向首列请求闭塞，除首列外根据收到的前次列车到达电话记录办理发车预告)。闭塞办理妥当后，揭挂"区间占用"安全帽。

车站值班员登记、破封、开锁取出道岔手摇把，指示扳道人员准备发车进路，扳道人员应正确及时的准备进路，检查尖轨与基本轨密贴良好，并将进路上的有关对向道岔及邻线上的防护道岔加锁，分动外锁闭道岔无论是对向还是顺向，还要确认心轨和斥离尖轨位置，在确认道岔位置正确后，使用专用勾锁器加锁固定(准备进路时必须执行两人确认或一人两次确认制度）。车站值班员必须接到扳道人员进路准备好了的报告，指示扳道人员再次确认发车进路正确，得到确认好了的报告后，核对车次、区间、电话记录号码，填写路票。

路票填写如表 5—5 所示。

表 5—5

路　　票
电话记录第　1　号
车次 11209
浑河 ➡ 榆树台
浑河站（站名印）　　　编号 000456

（规格为 75 mm×88 mm）

注：1. 路票为预先印好区间（即站名）和编号的硬卡片；
2. 加盖㊙字戳记者，为路票副页。

助理值班员与车站值班员认真核对路票及调度命令，核对正确，与扳道人员对道后，与司机核对路票及调度命令，无误后交给司机，确认发车条件具备，指示发车或发车，有运转车长值乘的列车还应向其转达调度命令。

扳道人员将加锁的道岔解锁恢复定位，连续作业时，按车站值班员的指示办理。

抄收接车站“列车到达”的电话记录号码，办理区间开通手续，摘下“区间占用”安全帽。

夜间应立即取出行车备品防护信号灯，指派胜任人员到进站信号机处，在信号机柱距钢轨顶面不低于 2 m 处加挂信号灯，向区间方面显示红色灯光。

设备恢复供电后，请求并接收使用故障按钮和恢复基本闭塞法行车的调度命令。使用故障按钮办理闭塞机复原（自动闭塞区段除外）。

十一、车站施工维修作业

作业准备　车站遇有施工维修作业时，施工单位负责人应提前按施工计划认真登记《行车设备施工登记簿》。请求施工登记内容：“本月施工编号、月日、时分、施工项目、影响使用范围（需要的慢行或封锁条件）、所需时分、施工单位负责人签字、设备单位检查人签字（同一项施工，施工单位和配合单位应按顺序分别登记在一起）。”车站值班员应确认施工项目及影响范围，然后按施工负责人的登记内容与施工计划核对无误后签字。通知监控干部及参加作业人员按施工计划安排提前上岗。车站值班员确认上岗人员到岗后向列车调度员报告，请求并接收准许施工的调度命令。车站值班员与施工单位负责人共同确认无误后签字，按施工计划或调度命令准许的项目开始施工，按施工行车办法准备接发列车作业。

作业要点　车站值班员及所有参加作业人员要严格按照施工行车办法及《接发列车作业》标准办理接发列车作业。各级监控干部要认真填记《非正常情况下接发列车控制卡》。

施工完毕后，经施工、设备管理单位检查达到放行列车条件，由施工单位负责人组织施工及配合单位分别进行销记、签名；多家施工单位利用同一天窗时，由施工主体单位组织各施工单位、配合单位销记、签名。全部销记后，经设备管理单位确认签名，再统一交车站值班员。车站值班员逐个核对、签认无误后方可报告列车调度员，请求调度命令，开通区间或线路。

十二、列车在区间被迫停车退行

退行列车的作业要点：

1. 货物列车在区间被迫停车必须退行时，司机应通过就近车站值班员转报列车调度员，列车调度员根据具体情况，指派就近站派胜任人员携带列车无线调度通信设备和简易紧急制动阀到列车尾部负责领车退行。

2. 旅客列车在区间内被迫停车必须退行时，司机应鸣笛两长声或以列车无线调度通信设备通知运转车长(无运转车长时为车辆乘务员),由运转车长(车辆乘务员)负责领车退行。

3. 列车退行前领车人员须指挥司机进行试拉,并确认列车主管贯通状态,停留超过 20 min 时进行简略试验。

4. 列车退行时,运转车长(无运转车长时为指派的胜任人员)应站在列车尾部注视运行前方,发现危及行车或人身安全时,应立即使用紧急制动阀或列车无线调度通信设备通知司机,使列车停车。

5. 列车退行速度不得超过 15 km/h,根据后方站(线路所)车站值班员的指示,按进站信号机的显示或引导手信号进入站内。未得到后方站(线路所)车站值班员准许,不得退行到车站的最外方预告标或预告信号机(双线区间为邻线预告标或特设的预告标)的内方。

车站作业要点:

1. 车站值班员接到列车退行的报告后向列车调度员报告并通知接车站,通知值班干部上岗监控,通知有关人员做好准备,按列车调度员的指示准备接车。

2. 需派人到区间负责领车退行时,车站值班员指派胜任人员携带简易紧急制动阀和列车无线调度通信设备迅速赶往区间。

3.车站值班员根据线路占用情况确定接车线路，设有进站信号机时，开放进站信号接车，不能开放进站信号（含引导信号）时派引导员接车。派引导员接车时，通过车站联锁机显示器排列调车进路准备接车进路，调车进路不能完全锁闭整个进路时，其他未锁闭道岔单操至所需位置后并单独锁闭或单操道岔（含防护道岔）准备进路（并单独锁闭），通过车站联锁机显示器显示确认进路正确后，方可指派引导员引导接车。

4.车站值班员确认列车全部到达进入接车线后，将进路上单独锁闭的道岔解锁。

十三、列尾装置故障或主机丢失、脱落、夜间灯光熄灭时的处理方法

列尾装置故障作业要点：

1.机车乘务员发现列尾装置故障时，应立即通知前方站车站值班员及列车调度员，并在前方站停车处理。

2.机车乘务员发现列尾主机风压低于制动主管定压报警时，必须立即停车检查，排除故障后方准继续运行；发现制动力不足，机车乘务员在采取机车制动的同时，操作司机控制盒的排风键，实施列尾装置

辅助制动。

3. 车站值班员接到机车乘务员列尾装置故障的报告后，应立即向列车调度员报告，通知值班干部上岗监控，通知有关人员做好准备，按列车调度员的指示准备接车。

4. 车站值班员派胜任人员到列车尾部确认列尾主机安装正确、软管连结良好，经试验再次确认列尾装置故障时，向列车调度员报告，请求停止使用列尾装置的调度命令。

5. 列车调度员接到确认列尾装置故障的报告后，向列车前方各站发布停止使用列尾装置的调度命令，车站值班员根据调度命令指示有关人员关闭与主机连结的车辆折角塞门，有中继台时关闭其电源，经简略试验后继续运行到前方列尾检测站更换列尾装置。

6. 列尾装置故障运行时，列车仍以列尾主机作为列车尾部标志，途中各站接发车人员确认列车完整。

7. 半自动闭塞区间，车站接入列尾装置故障不能使用的列车时，未确认列车整列到达不得开通区间。

列尾主机丢失作业要点：

1. 接车人员发现列尾主机挂失时，车站值班员须立即报告列车调度员，使列车在站内或前方站停车处理。接到机车乘务员列尾装置故障确认为列尾主机丢失时，应立即报告列车调度员。

2.确认列尾主机丢失后，车站值班员向列车调度员报告，列车调度员向列车运行前方各站发布列尾主机丢失不挂列尾装置运行的调度命令，继续运行至列尾主机更换站。

3.车站值班员接到停车处理列尾主机丢失的指示后，立即指派胜任人员携带有关工具、备品前往列车尾部，将列车尾部车辆软管用铁线吊起，作为列车尾部标志，经简略试验后方可继续运行，途中各站及列车运行按未挂列尾装置办法办理。

4.半自动闭塞区间，列尾主机丢失时，确认列车整列到达后，方可开通区间。

列尾主机脱落作业要点：

1.接发车人员在接发列车时须认真监视列车运行，发现主机脱落时，车站值班员须立即报告列车调度员，使列车在站内或前方站停车处理。

2.车站值班员接到停车处理脱落的列尾主机的指示后，立即指派胜任人员携带有关工具、备品前往列车尾部，将列尾主机捆绑牢固，方可继续运行，确实不能使用时，将列尾主机摘下，途中各站及列车运行按未挂列尾装置办法办理。

列尾主机夜间灯光熄灭作业要点：

接车人员发现列尾主机夜间灯光熄灭时，车站值班员应立即报告列车调度员，并及时依次通知列车运行前方各站，注意确认列车列尾主机；半自动闭塞区间接车站确认列车整列到达后，方可办理区间开通手续。

十四、断轨时的接发列车

故障现象　车站联锁机显示器显示轨道电路区段红光带，导致进、出站信号机不能开放。

故障现象如图 5—6 所示。

作业准备　通过车站联锁机显示器确定故障现象后，车站值班员应立即指派胜任人员检查故障区段，得到断轨的报告后，向列车调度员报告，通知值班干部上岗监控，在《行车设备检查登记簿》内登记。通知工务、电务人员现场检查，车站值班员在得到工务、电务人员确定线路断轨的报告，并在《行车设备检查登记簿》内登记，登记内容："线路断轨，暂时不能办理接发列车及调车作业"。车站值班员再次向列车调度员报告设备情况后，按列车调度员的指示办理。

在确定断轨后，工务人员必须及时进行处理，经处理后恢复正常时，按正常办法办理接发列车。

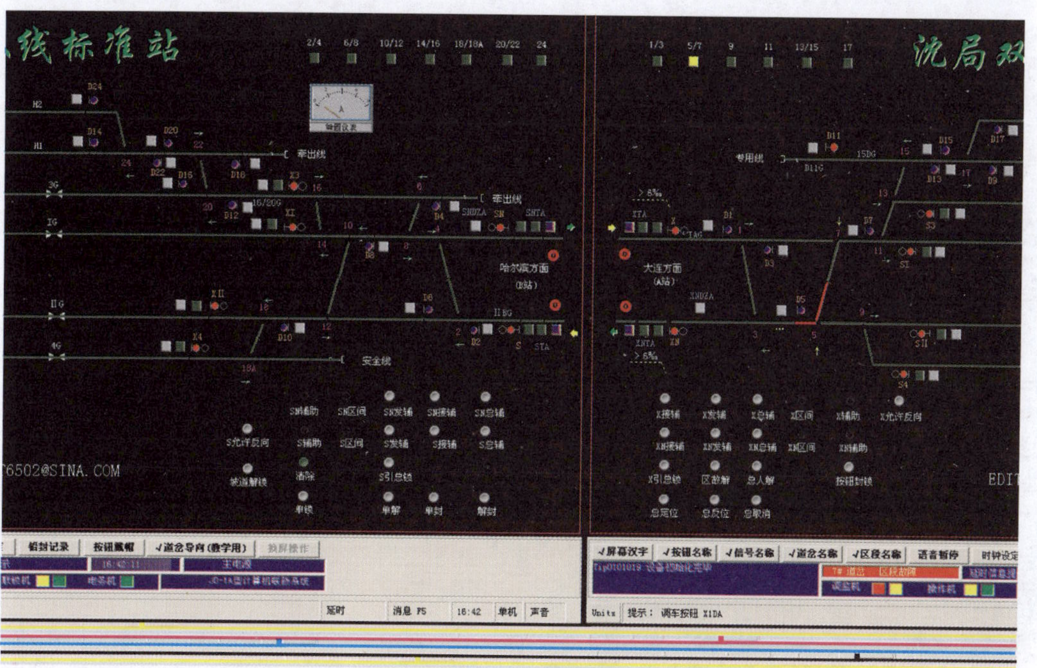

图 5－6 线路断轨时车站联锁机显示器显示红光带

短时间内不能恢复正常，确需经断轨地点接发列车时，必须经工务负责人确认可限速办理接发列车。此时工务人员必须在《行车设备检查登记簿》内登记，明确断轨地点的里程（在站内写明对应正线的里程）、限制速度及里程范围等要求。

车站值班员根据工务部门登记的内容，向列车调度员请求限速运行的调度命令，根据调度命令办理接发列车。

作业要点　列车进路准备、道岔加锁等按轨道电路故障的办法办理。发车时必须向司机转达限速运行的调度命令，接车时（含通过）由前方站或本站使用列车无线调度通信设备向司机转达命令的同时，前方站与本站还要与司机进行车机联控，明确限速的具体地点（km、m）及限制速度。

第六章　计算机联锁系统车务操作说明

一、人—机界面

6502继电集中联锁的人机界面是控制台操作，采用手按压按钮方式进行操作。

计算机联锁的人机界面采用显示器与鼠标结合的操作台。

计算机联锁显示器屏幕上的信息显示方式大致分为两大类:一类是自动显示的,有关进路、道岔和信号的信息能直观、及时和形象化地显现出来,例如站场图中的许多信息。一类是人工检索的。有些不经常发生或不经常变化的信息则在信息柜(屏幕最下一列的信息提示框)中自动显示出来。

为了使屏幕简明清晰起见,有些信息,如道岔名、轨道区段名等,需以鼠标点击相应的菜单框才能显示出来。

计算机联锁无论是操作按钮还是选取菜单框，都是通过操纵鼠标实现的。当要操作某一按钮时，首先移动桌面上的鼠标,将屏幕上的箭头形光标移动到所要操作的按钮上。当按钮作用区内出现手形符号时，再点击鼠标左键，即相当于按压了该按钮。操作遵循顺序点击两个或两个以上的按钮才能形成操作命令的原则。如果操作不符合规定的操作顺序，屏幕上将给出相应的提示，提醒操作者及时取消错误的或无效的操作。

二、车站联锁机显示器显示之——站场图形部分

（一）站场图形及显示

1. 屏幕上的站场图形与信号平面布置图的站场图基本一致。

2. 绝缘节以白色短竖线（交叉渡线处的以短横线）表示；侵限绝缘以红圆圈中的红色竖线表示。

3. 经由道岔的线路以实线连接为当前开通方向。线路的开口（道岔开口）表示了当前道岔的未开通的位置。

4. 线路的显示颜色：

（1）轨道区段空闲且在解锁状态时呈青色；

（2）轨道区段空闲且在锁闭状态时呈白色；

（3）轨道区段有车或发生故障时呈红色。

（二）信号复示器设置及其显示

1. 信号复示器在站场图中的位置与信号布置平

面图中的位置一致。

2.列车信号复示器在信号机关闭时呈圆形红色;信号机开放时其圆形颜色与室外信号机显示一致。

3.调车信号复示器在信号关闭时呈蓝色;信号开放时呈白色。

(三)道岔状态显示

道岔的状态在站场图的相应道岔处和单设的道岔按钮处均有显示。

1.站场道岔处的显示

(1)道岔的开口表示当前线路断开的一侧;

(2)道岔挤岔时,线路上挤岔的叉心闪红光,并有语音报警;

(3)道岔单封时,道岔叉心处出现蓝色圆点;

(4)道岔单锁时,道岔叉心处出现红色圆点。

2.道岔按钮处的显示

(1)道岔在定位时,按钮呈绿色;

(2)道岔在反位时,按钮呈黄色;

(3)道岔在转换时,按钮呈灰色;

(4)道岔挤岔时,按钮呈红色;

(5)道岔单封时道岔按钮名呈蓝色;

(6)道岔单锁时道岔按钮名呈红色。

三、车站联锁机显示器显示之二——菜单选取部分

屏幕下方第一行是菜单框或称菜单按钮，非自复式。以鼠标点击某一菜单框时，框中出现"√"符号，表示曾被点击过，同时屏幕上显示相应的信息。再次点击该框时，表示按钮复原，框中符号"√"及相应的信息随之消失。最常用的几个选项如下：

1. 汉字提示——显示或隐藏在站场图中的汉字名，例如牵出线、专用线等；

2. 按钮名称——显示或隐藏在站场图中各按钮的名称，例如 STA、D1A 等；

3. 信号名称——显示或隐藏在站场图中各信号复示器的名称，例如 X、S、D3 等；

4. 道岔名称——显示或隐藏在站场图中道岔的名称；

5. 区段名称——显示或隐藏在站场图中轨道区段的名称。

四、车站联锁机显示器显示之三——信息自动提示框部分

屏幕最下一行是信息自动提示框。

1. 操作或联锁出现异常的提示框(在屏幕左下角),该框中能提供以下信息,例如:

(1)操作错误——按钮操作不符合规定或按钮配对有误。

(2)操作无效——按钮操作符合规定,但因条件不满足而无法执行,例如办理敌对进路操作。

(3)信号不能开放——开放信号的条件不满足。

(4)命令不能执行——在进路或道岔锁闭期间,无法实现的操作命令。

(5)不能自动解锁——因某种故障使进路不能自动解锁。

2. 故障报警框——当发生灯泡断丝、道岔挤岔等故障时,框内提供汉字报警信息。

3. 延时信息框——反映人工解锁、接近锁闭后的区段故障解锁、延续进路解锁等时间变化情况。框内显示相应的信号名、区段名和倒计时信息。例如,“X3 人解:14”表示下行 3 股道发车进路人工解锁尚需延时 14 s。

4. 系统日时钟框——在系统中,凡需要标明时间的设备状态、行车过程以及各种数据,均以系统日时钟的时间为准。系统日时钟的时间与标准时间的误差超过 1 min 时应进行校准。

五、按钮配置

(一)列车信号或进路按钮

1. 列车信号按钮——在每一架列车信号复示器的前方,紧靠复示器处,设置一个绿色列车信号按钮,也称作列车进路按钮。主要供进路排列、解除或重复开放信号使用。

2. 列车进路终端按钮——当列车进路终端未设有反方向列车信号机时,则需专设一个绿色列车进路终端按钮。

3. 列车坡道延续进路终端按钮(简称坡道终端按钮)——当接近车站的线路有大于6‰连续长大(列车制动距离内)下坡道时,需要为接车进路设置延续进路。在延续进路终端处设有列车或调车信号按钮时,它们可作为延续进路终端按钮使用;无信号按钮(如安全线处)时,应专设一绿色列车坡道终端按钮,供办理延续进路使用。

4. 列车变更进路按钮——当在进路的始端和终端之间有两条或两条以上的进路时,规定其中一条为基本进路,其他几条则为变更进路。为了排列变更进路的需要,在变更进路经由的线路处设置一个绿色列车变更按钮。若在列车变更进路上已设有调车信号按钮(单置、并置或差置),则该按钮可兼作列车变更进路按钮。

5. 列车通过按钮——为了简化操作，排列列车通过进路时，把正线直股接车进路和正线直股发车进路视为一条进路，只须点击一个通过进路的始端按钮和一个双线发车口处的列车终端按钮或单线进站口处的信号按钮即可。为此在每一进站信号复示器的前方靠近信号按钮处，设一个绿色列车通过按钮。

6. 引导信号按钮——当进站信号（或接车进路信号）机因故障不能开放或开放后又因故关闭时，可按引导方式接车。为了办理引导进路和开放引导信号，在每个接车信号复示器的前方设一个白色引导信号按钮。

（二）调车信号和进路按钮

1. 调车信号按钮（也称调车进路按钮）——在每一架调车信号复示器的前方设置一个白色调车信号按钮。它既可作调车进路的始端按钮，又兼作调车进路的终端按钮或列车进路变更按钮或调车进路变更按钮，由点击按钮的顺序而定。

2. 调车进路终端按钮——当调车进路的终端处，未设置调车信号机（相应的也未设调车信号按钮）时，须在该处设置一个白色调车进路终端按钮。

3. 调车变更进路按钮——当调车进路始端和终

端两点间有两条或两条以上的调车进路时，规定其中只有一条为调车基本进路，其他皆为调车变更进路。为了排列调车变更进路，在变更进路必经的线路处需设变更按钮。列车变更按钮可兼作调车变更进路按钮用。若调车变更进路上设有反向单置调车信号机时，该信号机的信号按钮可兼作调车变更进路按钮。否则只能分段办理几个单独调车进路的办法。

（三）功能（共用）按钮

为了减少按钮数量和简化操作，把具有相同功能的操作赋予一个按钮承担。功能按钮可按车站或咽喉配置。

1. 进路总取消按钮——为取消预先锁闭的进路而设置的按钮。信号机已开放而其接近区段未被列车或机车车辆占用时，若要解除已锁闭的进路，则须办理进路取消手续。它需与进路始端按钮配合使用。

2. 进路总人工解锁按钮（带铅封）——当信号机开放后，而其接近区段被列车或机车车辆所占用，这时要解除已锁闭的进路，须办理进路的人工解锁（限时解锁）手续。

所谓带铅封是一种习惯称法。操作这类按钮时，需输入口令码（相当于破封）后才能生效。

3. 轨道区段故障解锁按钮(带铅封)——当计算机联锁系统上电,交流停电恢复或列车通过进路后,因轨道电路故障而使部分乃至全部轨道电路区段未正常解锁时,为了解除上述轨道区段的进路锁闭,设置一个带铅封的按钮。它需与区段名配合使用。

4. 道岔总定位操纵按钮(总定位)——它配合道岔按钮把该道岔操至定位。

5. 道岔总反位操纵按钮(总反位)——它配合道岔按钮把该道岔操至反位。

6. 道岔单封按钮(单封)——它与道岔按钮配合使用,将该道岔进行单独封锁,即×道岔进行单封后,该道岔可以扳动,但不能使用了,所有经由该道岔的进路操作均为无效操作。

7. 道岔解封按钮(解封)——解除单封的按钮,它需与道岔按钮配合使用。

8. 道岔单锁按钮(单锁)——在特殊情况下(例如特种列车通过道岔时)将道岔单独锁闭的按钮,需与道岔按钮配合使用。注意道岔单锁与单封的区别:道岔单锁是为了防止该道岔被扳动,经由道岔开通的位置(定位或反位)是可以排列进路的。

9. 道岔单解按钮(单解)——解除道岔单锁的按钮,需与道岔按钮配合使用。

10. 按钮封锁按钮(列车按钮封锁,钮封)——禁止对按钮操作的按钮。需与列车信号按钮配合使用。例如重点列车到达股道停车进行人员上下作业时,为了防止因错误操作按钮而提前开放信号,可使用钮封。

11. 坡道解锁(带铅封)按钮(坡道解锁)——在接车进路的延续进路锁闭后,一般情况下自列车头部驶入股道开始,延时 3 min 后延续进路才能自动解锁。为了缩短延迟时间,车站值班人员确认列车完全进入股道并已在股道停稳后,可点击特设的带铅封的坡道解锁按钮,使延续进路提前解锁。

(四)专用按钮

1. 道岔按钮——对应每组道岔设一个带显示的按钮。道岔按钮需与道岔功能按钮配合操作,才能控制道岔。

2. 引导总锁闭(带铅封)按钮(X、S 引总锁)——当道岔失去表示、无法办理进路时,需将所在咽喉中的全部道岔锁闭后才能办理引导接车。对应每一咽喉设置一个带铅封带灯的按钮。

3. 清除按钮(清除)——为清除不带铅封的操作按钮信息、"进路控制异常信息框"中的显示等,对应全站设一个清除按钮。

六、按钮操作

操作说明：

1. 对于不带“铅封”的按钮，通过鼠标点击该按钮，该按钮的操作立即生效。

2. 对于带“铅封”的按钮，当点击该按钮后屏幕上立刻弹出“口令保护操作，请输入口令”窗口（简称“口令窗”），要求操作者输入口令（相当于破铅封）并确认。口令的输入过程如下：

(1)输入口令码。点击口令窗内的数字键，如果输入错误，可以点击删除键“←”，删除错误数字，重新输入。

(2)操作者认为口令码无误后，点击“确认”键。

(3)点击“确认”键后，系统自动检查口令的正确性。若口令正确，系统会自动记录破封次数并使操作生效。

(4)系统若检查出口令不正确，在异常信息提示框中显示“口令检查不正确，请重新输入”的提示信息，要求操作者重新输入口令。口令不正确的按钮操作不记入破封次数。

(5)操作者点击“确认”键之前，想取消该次按钮操作时，可直接点击口令窗内的“取消”键。

3. 当顺序操作多个按钮而不符合配对规则（例

如点击了“总定位”按钮，又点击了一个信号按钮）时，屏幕上会弹出“操作错误”提示窗口，要求操作者点击窗口内的“确认”键消除不正确的操作信息。

（一）办理列车进路和重复开放信号

1. 基本进路

操作：进路始端信号按钮＋进路终端信号按钮（对于接车进路来说，进路终端信号按钮实际上是接车股道反向出站信号复示器处的信号按钮）或专设的进路终端按钮。

条件：符合联锁表要求。

显示：点击始端按钮后，信号机名闪烁，进路建立过程中，屏幕显示出有关道岔的动作情况。进路建立成功，进路呈白色光带，信号名呈白稳。信号开放后，复示器给出相应显示。

2. 通过进路

操作：

①通过进路按钮（在通过进路的始端）＋正线发车进路终端信号按钮或专设的进路终端按钮。

把正线直股接车进路和正线直股发车进路视为一条进路。

条件：符合联锁表要求。

显示：相当于同时排列接车进路和发车进路时的表示。

②对侧进直出、直进侧出等情况的通过进路，可以同时排列接车进路和发车进路，操作方式同基本进路。

3. 变更进路

操作：始端信号按钮＋变更按钮（一个或一个以上）＋进路终端按钮。先点击进路始端信号按钮，后点击变更进路处的变更按钮或调车按钮，再点击进路终端按钮。

条件：符合联锁表要求。

显示：与基本进路相同。

4. 带有延续进路的接车进路

操作：接车进路始端按钮＋接车进路终端按钮＋延续进路终端按钮（延续进路终端的列车、调车信号按钮，或专设的延续进路终端按钮）。

如进站信号机外列车制动距离内接车方向有超过 6‰的下坡道，在排列接车进路时，需排列带有延续进路的接车进路，应先点击进路始端按钮，后点击接车进路终端按钮，再点击另一咽喉所要的延续进路终端按钮。

条件：符合联锁表要求。

显示：接车进路和延续进路的建立过程类似于基本进路。

5. 重复开放信号

操作:进路始端信号按钮。

信号开放后如因某区段轨道继电器瞬间落下，信号将立即关闭，如区段进路仍为锁闭状态，此时，只需点击一下进路始端信号按钮，信号就会重新开放。

主要条件:信号因故关闭，但开放条件仍然满足。

显示:信号复示器显示开放信号。

(二)办理调车进路和重复开放信号

1.基本进路

操作:调车进路始端信号按钮＋调车进路终端信号按钮(顺向单置信号机的信号按钮、并置或差置反向信号机的信号按钮、尽头线反向信号机按钮或专设的调车进路终端按钮)。

条件:符合联锁表要求。

显示:类似于列车基本进路。

2.变更进路

操作:进路始端按钮＋变更按钮(变更进路中反向单置调车信号机的信号按钮或专设的变更按钮)＋进路终端按钮。

条件:符合联锁表要求。

显示:类似于基本进路。

3.组合调车进路(长调车进路)

操作:组合进路始端按钮+组合进路的终端按钮(当组合进路包括变更进路时,在点击始端按钮之后,需点击变更进路的变更按钮)。

条件:符合联锁表要求。

显示:组合进路的调车信号由远及近地开放。

4. 重复开放信号

操作:进路始端信号按钮。

条件:信号开放的条件满足。

显示:信号开放。

(三)进路或轨道区段的解锁

1. 取消进路

操作:总取消按钮+进路始端信号按钮。

进路处于预先锁闭状态,接近区段未占用,此时先点击总取消按钮,然后再点击进路始端信号按钮。

显示:信号关闭,进路白光带消失。

2. 人工解锁

操作:总人解+输入口令+进路始端按钮。

进路处于接近锁闭状态,接近区段被占用时,应使用总人工解锁按钮取消进路,此时先点击总人解按钮,然后在弹出的口令窗口输入口令码并确认后,再点击进路始端信号按钮。

显示:自信号关闭后,延迟到规定的时间(屏幕上有延时提示),进路白光带消失。

按引导进路锁闭方式接车时，列车整列进入接车线后，进路仍在锁闭状态，也需用人工解锁方法使用解锁。

3. 轨道区段故障解锁

操作：区故解按钮＋输入口令＋待解锁的区段按钮。

条件：被解锁的区段不在列车或车列运行的前方而且该区段轨道电路无故障。

显示：在点击“区故解”按钮并输入口令后，该按钮呈红色，然后点击需要解锁的区段处，该区段处呈红色区段名，该区段名就是区段按钮。点击区段按钮，相应区段的白光带消失。

说明：(1)在连续解锁多个区段的情况下，除了解除第一个区段时需按上述操作外，解锁其他区段只需点击“区故解”和“区段名”按钮，而不需输入口令码，以提高操作效率。

(2)在解锁多个区段期间，如果误按了其他(非区段)按钮，则“区故解”操作信息失效，必须重新点击“区故解”按钮和输入口令，再进行区段解锁。

(3)为了保证安全，系统初次上电后，全站所有轨道区段均处于锁闭状态。需按“区故解”方式使各区段解锁。

4. 延续进路的解锁操作

(1)延续进路需在接车进路按取消或人工解锁

方式解锁后才能解锁。

操作：总取消＋延续进路始端按钮。

条件：接车进路的操作方式解锁。

显示：延续进路立即解锁，白光带消失。

(2)延续进路提前解锁。

操作：坡道解按钮＋输入口令。

条件：列车完全进入股道，并人工确认列车已在股道上停稳。

显示：延续进路立即解锁。

(四)引导进路的办理与解锁

引导进路的办理与解锁分为三种方式：一是接车进路已锁闭后转为引导方式。在这种方式下，本系统对进路实施了双重锁闭，即进路锁和引导锁。在解除锁闭时，需先解除引导锁，后解除进路锁。二是接车进路不能锁闭时，办理引导进路方式。该方式对引导进路仅实施了引导锁。三是全咽喉道岔引导总锁闭方式。该方式对引导进路实施了引导总锁。对这 3 种方式的操作说明如下：

1. 接车进路锁闭后转引导方式

接车进路已经锁闭。由于某种故障不能开放允许信号时，需按本方式办理引导进路。

例如：进站信号机开放后，股道内（红光带）故障、接车进路 X 岔区（红光带）故障；进站信号机故

障(引导信号可以使用);进站信号机内方第一轨道区段(红光带)故障,开放引导信号的操作:

(1)办理操作

a.当信号机内方第一轨道区段电路无故障时的操作为:

➢ 引导按钮+输入口令。引导信号开放后保持到列车驶入信号机内方或人工关闭时为止。

b.信号机内方第一轨道电路区段故障时的操作为:

➢ 引导按钮+输入口令。此后必须连续地点击引导信号按钮。重复点击的间隔时间不应超过14s。否则引导信号自动关闭。

(2)解锁操作

a.轨道电路无故障(含进路为白光带)情况下的解锁。例如,进站信号机故障(引导信号可以使用),开放引导信号后,取消引导信号的操作。

列车未驶入进路时的解锁操作:

➢ 第一步:取消引导锁的操作:总人解+输入口令+列车信号按钮。

➢ 第二步:取消进路锁的操作:总取消+列车信号按钮。

列车到达股道后的解锁操作:

➢ 第一步:取消引导锁的操作:总人解+输入

口令＋列车信号按钮。

➤ 第二步：按“区故解”方式解除进路锁：

区故解＋输入口令＋区段名。

区故解＋区段名。

b. 信号机内方第一轨道电路区段故障情况下的解锁。

列车尚未驶入接近区段时的解锁操作：

➤ 第一步：取消引导锁的操作：总人解＋输入口令＋列车信号按钮。

➤ 第二步：按“区故解”方式解除进路锁：

区故解＋输入口令＋区段名。

区故解＋区段名。

列车驶入接近区段则必须在列车到达股道后才能进行解锁操作，操作方式同上。

c. 信号机内方非第一轨道电路区段（其他区段）故障情况下的解锁。

列车尚未驶入接近区段，或先办理引导进路，然后列车驶入接近区段的解锁操作：

➤ 第一步：取消引导锁的操作：总人解＋输入口令＋列车信号按钮。

➤ 第二步：按“区故解”方式解除进路锁。

列车先驶入接近区段，而后办理引导进路的解锁操作：

➢ 第一步:取消引导锁的操作:总人解+输入口令+列车信号按钮。

➢ 第二步:按“区故解”方式解除进路锁,但在点击第一个区段名后需延时 3 min 后才能解锁,其他区段解锁不再延时。

2. 接车进路不能锁闭时办理引导进路方式

接车进路因轨道电路区段故障不能建立,在此情况下,需按本方式办理引导进路。

例如:进站信号机开放前,股道内(红光带)故障;接车进路 X 岔区(红光带)故障;进站信号机故障(引导信号可以使用);进站信号机内方第一轨道区段(红光带)故障等等,开放引导信号的操作和解锁:

(1)办理操作:引导按钮+输入口令+接车股道入口处的列车信号(或终端)按钮。

在此操作下,无故障道岔轨道电路区段中的道岔自动转换到引导进路所需的位置,并实现引导锁,非故障轨道区段显示白光带,引导信号开放。若引导信号内方第一轨道区段故障,则需连续地点击引导信号按钮。重复点击的间隔时间应不大于 14 s。否则引导信号将自动关闭。

(2)引导锁的解锁操作:总人解+输入口令+列车信号按钮。

信号机内方第一轨道区段故障,列车已驶入接近区段，必须在列车到达股道后，才能办理解锁：总人解＋输入口令＋列车信号按钮。

3. 全咽喉区道岔总锁方式

引导进路中的道岔失去表示时采用该方式。

(1)办理操作：值班人员须确认道岔位置正确、进路空闲、未建立敌对进路(敌对信号未开放)后，采取如下操作：

引导总锁按钮＋输入口令＋引导按钮＋输入口令。

经过以上操作，对全咽喉道岔实现引导总锁闭，引导信号开放。

(2)引导总锁解除操作。列车到达股道后，才能解除引导总锁，操作如下：

a. 进站信号机开放前，接车进路×道岔(无表示)，使用引导总锁闭，开放引导信号接车后，解锁接车进路的操作方式为：点击引导总锁按钮。

b. 进站信号机开放后，接车进路×道岔(无表示)，使用引导总锁闭，开放引导信号接车后，解锁接车进路的操作方式：

第一步：点击引导总锁按钮。

第二步：按“区故解”方式解除进路锁：

区故解＋输入口令＋区段名。

区故解＋区段名。

（五）车站联锁机显示器瞬间停电的解锁方式

车站联锁机显示器瞬间停电，全场遗留白光带，解锁遗留白光带的操作方式：

a.区故解＋输入口令＋区段名。

b.区故解＋区段名。

c.区故解＋区段名……。

（六）发车进路遗留白光带的解锁方式

1.出站信号开放后，出站信号机故障、一离去（红光带）故障，列车过后，发车进路遗留白光带，解锁遗留白光带的操作方式：

总取消＋发车进路始端按钮。

2.出站信号开放后，发车进路×道岔区段（红光带）故障、发车进路×道岔无表示，列车过后，发车进路遗留白光带，解锁遗留白光带的操作方式：

a.区故解＋输入口令＋区段名。

b.区故解＋区段名。

（七）道岔的单操和单封、单锁与其解锁

1.道岔单操

操作：总定位（总反位）按钮＋道岔按钮。

显示：点击总定（反）位按钮后，该按钮闪绿（黄）色。道岔转换到指定位置后，总定（反）位按钮恢复暗灰色，道岔按钮呈绿（黄）色。

2.道岔单封

操作:单封按钮+道岔按钮。

显示:点击单封按钮后,该按钮闪蓝色。点击道岔按钮及线路中相应道岔处出现蓝色圆点后,道岔名称呈蓝色,单封按钮恢复原色。

3. 道岔解除封锁

操作:解封按钮+道岔按钮。

显示:点击解封按钮后,该按钮呈绿闪;点击道岔按钮后线路中相应道岔处的蓝圆点消失,道岔按钮名及解封按钮恢复原色。

4. 道岔单锁

操作:单锁按钮+道岔按钮。

显示:点击单锁按钮后该按钮呈绿闪,线路上相应道岔处出现红圆点,道岔名称呈红色,单锁按钮恢复原色。

5. 道岔单解

操作:单解按钮+道岔按钮。

显示:点击单解按钮后,该按钮呈绿闪;点击道岔按钮后,道岔处的红圆点消失,道岔按钮名和单解按钮恢复原色。

(八)按钮的封锁与解封

1. 按钮封锁

操作:按钮封锁按钮+列车信号按钮。

显示:点击按钮封锁按钮后,该按钮呈红色闪烁,点击列车信号按钮后,相应信号复示器名称呈紫色闪烁。

2. 按钮解封

操作:按钮封锁按钮+列车信号按钮。

显示:相应列车信号按钮名停止闪烁。

(九)四线制改变运行方向电路

1. 改变运行方向的正常办理

设甲站为接车站,乙站为发车站,区间空闲,双方均未办理发车,此时若甲站要求向乙站发车,当向正向发车时,则由甲站值班员点击列车始终端按钮,办理发车进路,即可自动改变运行方向;当向逆向发车时,则由甲站值班员先点击允许反方向按钮(YFA),然后点击列车始终端按钮,办理发车进路,即可自动改变运行方向。

2. 改变运行方向的辅助办理

设甲站为接车站,乙站为发车站,当JQJ因故落下,车站联锁机显示器上的JQD亮红灯,此时若甲站要求向乙站发车,需两站值班员确认区间空闲后,共同进行辅助办理来改变运行方向,具体操作如下:

甲站:

破封点击ZFA(鼠标操作为点击ZFA,输入口令,此时按钮闪烁),破封点击FFZA(鼠标操作为点击FFZA,输入口令,此时按钮闪烁),FZD亮白灯;

等乙站辅助办理完毕，甲站发车表示灯亮绿灯后，FFZA 自动复原，表示甲站辅助办理完毕。值班员利用发车进路或调车进路办理发车作业，当车压入信号机内方时，FZD 灭灯。列车进入区间后，再次点击（相当于松开）ZFA，使 ZFA 复原，至此表明发车站一次辅助办理结束。

乙站：

破封点击 ZFA（鼠标操作为点击 ZFA，输入口令，此时按钮闪烁），破封点击 JFZA（鼠标操作为点击 JFZA，输入口令，此时按钮闪烁），FZD 亮白灯后，JFZA 自动复原；当接车表示灯亮黄灯，FZD 灭灯时，表示本站辅助办理完毕。再次点击（相当于松开）ZFA，使 ZFA 复原，至此表明接车站一次辅助办理结束。

注：在 FFZA、JFZA、ZFA 点击期间，值班员也可再次点击按钮（相当于按钮松开），使按钮复原。

3. 屏幕设置及点灯条件

发车表示灯——绿色，向外方向箭头，表示本站处于发车方向。

接车表示灯——黄色，向内方向箭头，表示本站处于接车方向。

ZFA——总辅助按钮，非自复式，带口令。点击时，按钮闪烁；再次点击（相当于按钮松开）后，按钮停止闪烁。

FFZA——发车辅助按钮，条件自复式，带口令。点击时，按钮闪烁；再次点击（相当于按钮松开）或发车表示灯亮绿灯时，按钮停止闪烁。

JFZA——接车辅助按钮，条件自复式，带口令。点击时，按钮闪烁；再次点击（相当于按钮松开）或FZD亮白灯时，按钮停止闪烁。

YFA——允许反方向按钮，条件自复式，带口令。点击时，按钮闪烁；再次点击（相当于按钮松开）或逆向发车进路排列后，按钮停止闪烁。

FZD——辅助办理表示灯，平时灭灯，当辅助办理改变运行方向时点白灯。

（十）JQD——监督区间占用表示灯，平时灭灯，表示区间空闲；当区间有车占用，或已办理发车进路（含相邻站），或监督回路发生故障，或已开始辅助办理时亮红灯；当亮闪红灯时，不能进行辅助办理，需待电务人员处理故障（使两站的FSJ均保持吸起）后再进行辅助办理。

注：本说明参考多个厂家的计算机联锁设备编写，适用于CTC调度终端、CTC车务终端及各种型号的车站联锁机人—机界面操作。如有个别特殊按钮操作方法不一致时，请参考生产厂家说明。